生物质多相流光合产氢过程调控及其热流场特性研究

张志萍　著

科学出版社
北　京

内 容 简 介

本书从理论和技术层面介绍生物质多相流光合产氢过程的调控机制及热流场特性，分别对生物质多相流光合产氢过程中的秸秆类生物质酶解技术、光生化反应器结构优化、多相流热物理特性、多相流体系传热模型建立及温度场分布规律等问题进行了阐述。第 1 章详细列举生物质多相流光合产氢领域的研究进展。第 2 章详细描述秸秆类生物质的酶解预处理及酶回收利用等调控技术。第 3 章从多相流场特性出发，研究光生化反应器结构的优化及其光合产氢过程调控。第 4 章从宏观及微观角度分析生物质多相流光合产氢体系内部的热物理特性。第 5 章介绍生物质多相流光合产氢体系传热模型的构建。第 6 章介绍对生物质多相流光合产氢体系温度场分布传输规律的数值模拟。

本书可供可再生能源领域相关研究人员和工程技术人员，以及高等院校有关专业的本科生和研究生参考使用。

图书在版编目(CIP)数据

生物质多相流光合产氢过程调控及其热流场特性研究/张志萍著. —北京：科学出版社，2022.3

ISBN 978-7-03-071211-0

Ⅰ. ①生… Ⅱ. ①张… Ⅲ. ①光合作用-研究 Ⅳ. ①Q945.11

中国版本图书馆 CIP 数据核字（2021）第 278977 号

责任编辑：吴卓晶 / 责任校对：马英菊
责任印制：吕春珉 / 封面设计：东方人华平面设计部

科学出版社 出版
北京东黄城根北街 16 号
邮政编码：100717
http://www.sciencep.com

北京九州迅驰传媒文化有限公司 印刷
科学出版社发行　各地新华书店经销
*
2022 年 3 月第　一　版　开本：B5（720×1000）
2022 年 3 月第一次印刷　印张：11 1/4　插页：3
字数：227 000

定价：99.00 元
（如有印装质量问题，我社负责调换〈九州迅驰〉）
销售部电话 010-62136230　编辑部电话 010-62143239（BN12）

前　言

在低碳环保经济时代，能量密度高、原料来源广泛的氢能源逐渐成为公认的“终极能源”，受到越来越多的关注。其中，生物法制氢因不消耗常规能源、无二次污染等，成为研究的热门。近年来，许多学者一直致力于氢能的制备和利用。国家也高度重视氢能技术的发展，投入了大量的资金和人力用于氢能源的研究与开发，以摆脱遏制我国经济长期发展的能源短缺瓶颈，力争使其成为未来能源供应系统的支柱。

作者及其团队在国家高技术研究发展计划（863 计划）及国家自然科学基金项目等的资助下，长期开展光合生物产氢技术与机理的相关研究，在基于秸秆类生物质资源的光合生物产氢，及其生物质多相流光合生物产氢体系内部存在的热质传递等领域，取得了一系列创新性成果。作者及其团队围绕秸秆类生物质超微粉体微观结构分析、降解机制分析、热物理特性分析、过程调控技术研究和高效反应器研制等方面，进行了系统研究，发表数十篇高质量论文，并获得 4 项国家发明专利，研究成果对该领域生物制氢技术的进一步发展具有积极的推动意义。

本书是对生物质多相流光合产氢过程调控及其热流场特性研究等成果的系统性总结。全书共分 6 章，比较全面地从理论、技术方面分析生物质多相流光合产氢过程中的调控机理及热流场特性。第 1 章详细列举生物质多相流光合产氢领域的研究进展。第 2 章介绍生物质多相流光合产氢体系的酶解预处理技术调控。第 3 章针对生物质多相流特点，研究光生化反应器结构的优化及其光合产氢过程调控。第 4 章研究生物质多相流光合产氢体系内部的热物理特性。第 5 章构建生物质多相流光合产氢体系的传热模型。第 6 章对生物质多相流光合产氢体系的温度场进行数值模拟和验证分析。全书内容由河南农业大学张志萍教授（美国路易斯安那州立大学访问学者）撰写。张全国教授和李连豪博士完成全书统稿。农业农村部可再生能源新材料与装备重点实验室的博士研究生李亚猛、张甜、张洋、朱胜楠和硕士研究生张浩睿、范小妮、焦映钢等也为本书的完成付出了辛勤的劳动。

本书是作者及其团队多年对生物质多相流光合产氢过程研究的成果总结，希望能为可再生能源领域的研究工作者或学生提供理论和技术上的帮助。由于作者水平有限，书中难免存在不足和疏漏，敬请广大读者批评指正。

张志萍

2021 年 12 月

目　　录

第 1 章　绪　　论

1.1　氢　能　源

能源是人类赖以生存和发展的重要物质基础。随着全球经济的迅猛发展，化石能源的大规模开发利用带来严重的全球性环境问题，如能源短缺、资源枯竭、环境恶化，人类的生存及发展受到前所未有的威胁。二氧化碳大量排放造成的温室效应，导致极端天气增加，全球气候变暖。频频出现的雾霾天气也成为危害人类健康的重要原因。这一切不利因素的出现促使人类开始重视替代能源的开发和利用。可再生能源和核能是目前发展最快的替代能源，每年约增长 2.5%。然而，据 2013 年国际能源署展望项目预测，直至 2040 年，化石能源仍将在世界能源格局中占据近 80%（U. S. Energy Information Administration，2013）。

世界各国经济发展进程中，中国是世界经济增长最快的国家，也是化石能源用量最多的国家。到 2035 年，全球的能源需求将达到 1 673 000 万吨油当量，比 1975 年增长约 1.7 倍，中国的能源需求所占的比重也在逐年增加。我国煤炭储量相对丰富，但石油和天然气储量较少，高度依赖进口，受国际能源环境的影响制约较大。

随着世界能源储量的日益减少，能源领域的竞争愈演愈烈，因此，要维持长久的经济发展势头，维护社会的安全稳定，亟须寻找可替代能源，以满足我国稳定持续的经济发展需求及人民生活需求。可再生能源在世界能源结构中也占据一定位置。

欧洲在2009年就出台欧盟可再生能源指令，并于2010年颁布了国家可再生能源行动计划目标。可再生能源发电技术，尤其是风能和太阳能，得到了迅速发展。美国也出台了在燃油中添加燃料乙醇的政策，并给予政策和税收优惠，推动美国可再生能源市场的强劲发展。中国在2013年1月出台《新时代的中国能源发展》白皮书，这是“十二五”规划中的一个重要部分，对非化石能源的利用、能量密度、碳排放量等都做了强制规定。受减少大气污染、推动农业废弃物资源的利用、优化可再生能源的资源配置等一系列政策驱动，中国可再生能源的发展与技术创新迎来了全新的发展机遇（U.S. Energy Information Agency，2013）。

在多种可再生能源中，氢能被认为是极具吸引力的理想替代能源。氢能主要有以下优势：①能量密度高（122kJ/g或61 000Btu/lb），约为其他碳氢燃料的3倍（Chen，2001；Nandi et al.，1998）；②氢气是不含碳元素的燃料，燃烧产物为水，不产生二氧化碳等温室气体，氢能属于环境友好型能源；③清洁可再生，可通过多种形式制备，如电解水、光解水、重整制氢、生物制氢等；④利用方式多样，可以气态、液态或者燃料电池的形式被利用，用于需要热能和电能的场所，且便于存储和运输（Mizuno et al.，2000）；⑤氢气操作比家用天然气更安全（Das et al.，2008）。

近年来，氢气的交易量每年都呈现增长态势，氢能作为一种永久性的可再生清洁能源，正逐渐走进我们的生活。

氢气的制取方法众多，其中化学法最常见，但要消耗大量化石能源，且生产过程中会对环境造成二次污染，因此迫切需要寻找一种高效、绿色、低成本的氢能开发利用方式。在此背景下，生物产氢技术得到越来越多的关注，成为各国研究的热点。

1.2　生物产氢技术

1.2.1　生物产氢技术的特点

生物产氢技术是产氢微生物通过光能或发酵途径，在常温常压的水溶液中以自然界中的有机化合物为底物，进行催化产氢的过程，与需要高温或高压环境的化学法或电化学法等常规产氢方法相比，具有以下特点（Das et al.，2001；Hallenbeck et al.，2002；Levin et al.，2004；任南琪等，2004）：

（1）反应条件温和。氢气产出是源于产氢微生物自身的新陈代谢，不需要高温、高压，在接近中性的环境下便可进行，能耗低，且适于在生物质或废弃物资源丰富的地区建立小规模产氢车间，这样可以省去运输环节，在一定程度上降低了产氢成本（Mohan et al.，2007）。

（2）可利用多种可再生碳水化合物作为产氢底物，如各种工农业废弃物和有机废水等。以废弃物为原料进行生物产氢，将能源产出、废弃物再利用和污染治理等有效结合，在实现废弃物资源化利用的同时，削减了产氢成本。

（3）产氢工艺多样。该工艺包括利用绿藻和蓝藻等进行的直接和间接光解水反应、光合细菌在光照下利用有机物代谢产氢、厌氧细菌在黑暗环境中发酵有机物产氢、联合方法产氢（光暗联合发酵产氢，以及生物电化学光生化反应器的应用等）（Nath et al.，2004）。

1.2.2 生物产氢技术的研究

生物产氢在一个世纪前就已被发现。20 世纪 20 年代初，细菌产氢的基础性研究就已开始（Ueno et al.，2001；Hallenbeck，2001）。随后，科学家发现绿藻和蓝藻等细菌能利用光能分解水产氢（Gaffron，1940；Bothe et al.，1977）。20 世纪 70 年代，世界范围的能源危机暴发，使生物产氢技术得到高度重视，生物产氢技术被广泛研究。Schlegel 和 Barnea（1976）提出暗发酵产氢过程中最大理论产氢量为每摩尔葡萄糖产 4mol 氢气，后期研究表明，利用纯细菌或者混合培养细菌，氢气产量为 0.37～2.0mol（Kumar et al.，1995；Kataoka et al.，1997）。但由于暗发酵理论产氢量较低，许多新的尝试依然在探索中。

光合细菌的发现，大大提高了微生物产氢的理论产氢量，因为其几乎可以实现基质的全部转化（Sasikala et al.，1991；Hillmer et al.，1977；Koku et al.，2002；Vignais et al.，2006）。

20 世纪 90 年代以来，随着能源危机、空气污染、气候变暖等问题的出现，人们对以化石燃料为基础的生产方式以及其带来的环境问题有了更深入的认识，生物产氢技术再次受到世界的关注。来自当今世界最大的文摘和引文数据库——Scopus 数据库的简单索引显示，生物产氢技术的研究有了显著增长（Levin et al.，2012）。

需光和不需光两种生物质产氢工艺中，暗发酵产氢工艺能够快速利用多种有机物作为底物进行发酵产氢，同时产生挥发性脂肪酸和乙醇，但是，其化学需氧量（chemical oxygen demand，COD）去除率非常低，产氢料液需要进一步处理（Chen et al.，2008）。与暗发酵产氢工艺进行比较可以得出，光发酵产氢工艺具有较高的理论产氢量和 COD 去除率，但是目前光合产氢仍受到产氢酶（固氮酶）活性低以及高浓度光合细菌料液的光抑制作用的影响。总之，虽然各国学者探索数十年，但生物产氢技术的研发仍处于初级阶段，有待进一步分析，如高效产氢菌种的选育与培育，产氢酶活性和产氢动力学的研究，以及生化反应器研制等。因此寻找普适性、低成本、高效率的生物产氢技术，依然是研究工作的重点（张全国等，2006）。

各种生物产氢工艺的优缺点及产氢特性对比如表1.1所示（Hallenbeck et al.，2012）。

表1.1 不同生物产氢工艺的优缺点及产氢特性对比

产氢工艺	产氢速率/[mL/（L·h）]	产氢量/%	优点	缺点
生物光解水产氢	2.5～13[a]	≤0.1[b]	用之不尽的制氢基质（水）；完全的碳独立途径；产物单一，为氢气和氧气	产生氧气，氢化酶会消耗氢气；光合转化效率低；存在形成爆炸性混合气体的潜在危险；需要较大的表面积；反应器需光，容积产气率较低
光发酵产氢	12～83[c]	≤1[d],80[e]	可利用多种废弃物资源；几乎可实现基质的全部转化；可利用暗发酵废液提取氢气	需要光生化反应器；固氮酶产氢效率低；光合转化效率低；需要较大的表面积
暗发酵产氢	(10×10^3)～(15×10^3)	33[f]	可利用多种废弃物资源；反应器易操作，无需灭菌；固定化混合培养可得到较高产气量	产生大量的副产物；COD去除率较低；不同反应器间存在差异

a 脱硫绿藻（Laurinavichene et al.，2006）和蓝细菌（Tsygankov et al.，1998）。

b 太阳光光能转化率。

c 参见参考文献（Eroglu et al.，1999；Kim et al.，2006）。

d 低光照度下的产氢效率（Abo-Hashesh et al.，2011）。

e 基质（有机酸）转化效率，不计算光能的利用。

f 4mol H_2/mol 葡萄糖，理论上产氢量可达12mol。由于产氢速率和产氢量之间成反比，所以高容积产气率（Lee et al.，2006；Wu et al.，2007）的高效反应器往往产气量较低。

1.2.3 光合产氢菌种的研究

光合产氢技术中，对高效产氢菌种的选育一直都是研究工作的重点。但目前有关光合产氢菌种的研究大部分集中在纯菌种产氢和细菌细胞的固定化技术上，如探讨产氢菌种的筛选及包埋剂的选择等，对高效产氢菌的选育及混合菌群的耦合产氢能力的探索还很少。随着现代分子生物学技术的发展，从自然环境或人工环境中进行产氢优势菌种的选育和培育，以及利用基因工程等手段对光合产氢菌种进行改造和诱变，制造生产所需的基因缺陷菌株和诱变菌株，已逐渐成为另一个推动产氢技术长远发展的有效途径。

1.3　秸秆类生物质产氢工艺

1.3.1　秸秆类生物质产氢的必然性

生物质资源指的是多种多样的自然产物及其衍生物，如农林废弃物、工业废弃物、废弃纸张、城市固体垃圾、食品加工业副产物、能源作物、藻类等，其占据可再生能源供应量的 53%（Yaman，2004）。生物产氢反应条件温和，但由于常见供氢体仍局限在碳水化合物，如葡萄糖、淀粉以及含糖和淀粉的废水等，产氢成本居高不下（汤桂兰等，2007）。利用现代科学技术手段开发储量丰富的生物质能，是氢能源开发的一个重要方向。木质纤维素是储量极为丰富的全球性有机物资源，其中，秸秆类生物质又占其总量的 50%以上（赵志刚等，2006）。作为世界农业大国，1995 年我国农作物秸秆的年产量达 6 亿 t 左右（Li et al.，2012），是巨大的可再生资源库。

秸秆类生物质作为 3 种高聚物（纤维素、半纤维素和木质素）的有机混合体（刘培旺等，2009），含 70%～80%的碳水化合物，可通过微生物直接或间接发酵转化为可再生糖类资源（蒋剑春等，2007），并被微生物利用生产清洁能源，是理想的发酵产氢原料。利用秸秆类生物质进行氢能源的制备，能有效降低国家对进口化石能源的依赖，减少温室气体的排放，并能创造新的就业岗位，推动广大农村地区的经济发展，为乡村振兴做出积极贡献。因此，以秸秆类生物质为原料进行生物制氢，是生态文明建设和乡村振兴战略中的一个有益探索。

国内外针对秸秆类生物质的应用开展了很多研究。我国自“十一五”以来，在生物质能利用领域取得了明显进步，如沼气的工业化产业化应用、厌氧发酵过程的微生物调控、秸秆类资源的高效降解及高值转化等。秸秆类生物质可通过厌氧发酵制备甲烷，工艺已经成熟，目前正在对如何减少二次污染、增加原料利用率等瓶颈问题进行研究。甲烷燃烧时会产生二氧化碳，缓解温室效应的潜力有限。因此，利用秸秆类生物质制备燃料乙醇、生物油及氢气成为研究的热点（Kootstra et al.，2009）。美国利用纤维生物质（如农林废弃物及其他能源作物）生产燃料乙醇，年产量预计可达到 9.1×10^{12}gal [1gal（美）=3.785 412L]，将替代美国 30%的燃油（Perlack et al.，2011）。美国堪萨斯州立大学王东海教授团队利用多种农作物秸秆及须芒草等能源草进行燃料乙醇和生物油的制备，替代了早期的甘蔗汁、淀粉等糖类物质，得到较高的总产糖量和纤维素回收利用率（Xu et al.，2011；Gan et al.，2012）。Guragain 等（2013）对秸秆类生物质的降解及发酵过程进行了评估，发现经过颗粒成型的秸秆产糖量增加。岳建芝（2011）通过实验得出，经过超微粉碎的秸秆类生物质产糖量和累积产氢量与未粉碎或粉碎粒度较大的秸秆相比较，效果更好。

随着农业技术的发展和生物技术的进步，利用纤维生物质原料进行生物能源的生产，成本进一步下降，并终将低于化石能源（Huber，2008）；而且，用农业废弃物秸秆作原料，避免了生物能源生产的“与人争粮”现象。因此，研究开发秸秆类生物质的纤维素能源转化技术，并以其为原料制取氢气具有较大优势，是具有发展潜力的生物质能转化技术之一，对开发替代能源、保护生态环境具有非常重要的现实意义，也是人们寻求可持续发展新能源的途径之一。

1.3.2 秸秆类生物质预处理工艺研究

秸秆类生物质含有 40%～50%的纤维素、20%～30%的半纤维素，以及 15%～20%的木质素（Zaldivar et al.，2001；Saha，2003），不同类型、不同生长环境的秸秆类生物质结构不同。秸秆类生物质的结构如图 1.1 所示（Zhang，2014）。

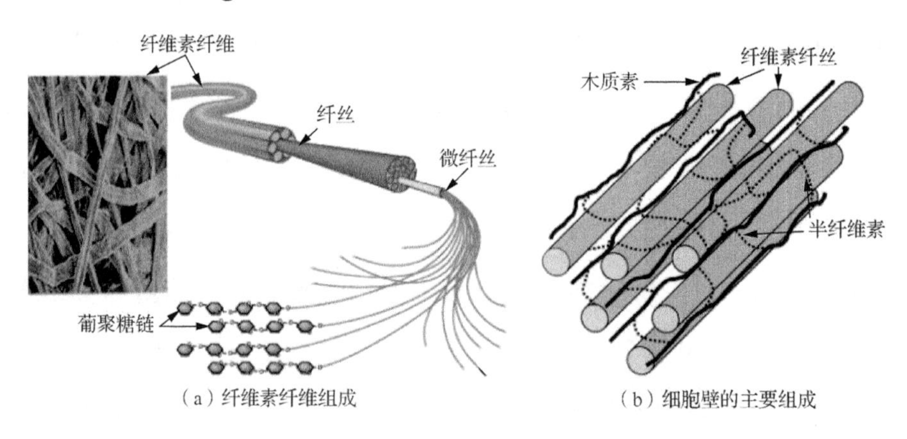

图 1.1 秸秆类生物质的结构

纤维素是植物细胞壁的重要组成部分，是由葡萄糖单元组成的直链大分子多糖物质，是地球上含量最丰富的多糖。其分子内和分子间氢键的强结合力，使纤维素排列规则，聚集形成结晶区或类似结晶状态的微纤丝，故其性能很稳定，常温下不溶于多种常见溶液，如水、稀酸等（Galbe et al.，2012）。半纤维素是由几种不等量糖单元组成的共聚物，主要组成为戊糖、木糖、阿拉伯糖、葡萄糖等，呈短链、支链形态，包裹在微纤丝结构外（Lundqvist et al.，2003）。半纤维素聚合度低，水解比纤维素容易，其水解产物包括 2 种五碳糖（木糖和阿拉伯糖），以及 3 种六碳糖（葡萄糖、半乳糖和甘露糖）（朱跃钊等，2004）。木质素是纤维生物质中主要的非碳水化合物组分，是无定形芳香化合物，其结构极其复杂，呈现各向异性，与纤维素和半纤维素紧密相连，是植物内部起支撑作用的骨架结构，具有一定的抗生物降解性能，不能被酶解（Sun，2009），是纤维素周围的保护层（Himmel，2009）。木质素能量密度高，可以用来发电、制热或制固体肥料，是有很高价值的水解副产物（Kumar et al.，2008）。

根据秸秆类生物质的结构和性能可知，其大规模产业化应用还存在一些障碍，如秸秆类生物质的预处理环节。秸秆类生物质的预处理，是生物能源生产环节耗能最多、花费较大的环节，作为最关键、对后续反应影响最大的步骤，得到越来越多的关注。秸秆类生物质的能源转化路径如图 1.2 所示。可以看出，预处理环节是秸秆类生物质由原料向生物能源转化的必经之路，只有采用行之有效的预处理手段，才能实现秸秆类生物质厌氧发酵高效制氢、制乙醇等环节。

大量研究人员致力于寻找高效快速的预处理方法，以实现如下目标（Galbe et al.，2007）：①提高原料利用率与水解效率，降低糖类物质损失，提高物质回收利用率；②不产生有毒或有害作用的抑制性副产物；③降低能耗，或者探索能量的二次利用等；④降低成本，尽可能地降低原材料制备、纤维素酶等的使用及操作的成本。

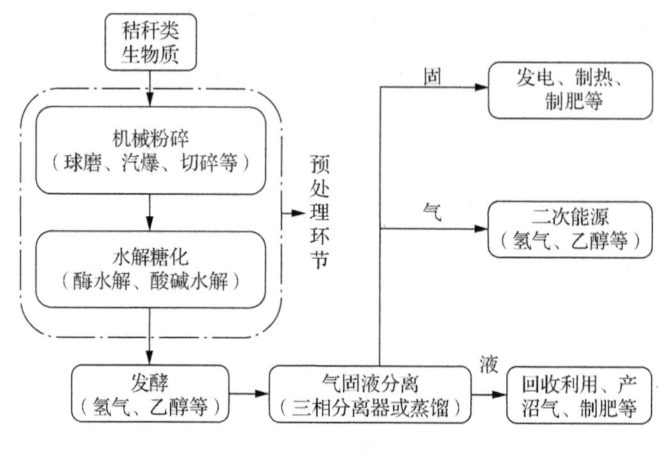

图 1.2　秸秆类生物质的能源转化路径

秸秆类生物质预处理的主要目的就是要破坏纤维素晶体间的氢键，打破半纤维素和木质素之间的交联矩阵结构，提高秸秆的孔隙度与比表面积，以利于进一步水解（Lynd et al.，1999；Taherzadeh et al.，2008；Li et al.，2010）。秸秆类生物质预处理依据的标准不同，划分方法也不同（Sanchez et al.，2008；Hendriks et al.，2009；Chandra et al.，2007；Alvira et al.，2010）。常见的是将其划分为物理法（粉碎、微波处理、挤压成型等）预处理、化学法（碱、酸、有机溶剂处理、臭氧分解、离子液处理）预处理、物理化学法（蒸汽爆破、热液、氨纤维爆裂、湿法氧化、二氧化碳爆破等）预处理和生物酶解法预处理。

1. 物理法预处理

物理法预处理包括粉碎、挤压成型、微波处理及冷冻法等。粉碎一般被认为是预处理的第一步，旨在减小生物质颗粒尺寸，增加比表面积与孔隙度（Harun et al.，2011），降低原料的聚合度，去结晶化。挤压成型是热物理处理法，即原材料在搅拌、加热、剪切应力等作用下，内部的物理化学结构发生改变（Yoo et al.，2011）。微波处理是通过微波辐射带来内部热辐射，破坏纤维素硅化表面积内部的微观分子结构，去除木质素，提高水解效率（Cheng et al.，2011）。冷冻法则是通过冷冻预处理破坏纤维素的分子结构，达到提高酶解效率的目的（Chang et al.，2011）。

物理法通常与其他预处理方法相结合，达到很好的预处理效果。但物理法也有弊端，无论是粉碎、挤压成型，还是微波处理、冷冻法，耗能都较高，预处理成本较高，因此，需要寻找更合理高效的预处理方法。Hideno 等（2009）发现，利用球磨预处理方法粉碎秸秆，葡萄糖和木糖的产量均高于湿盘铣洗的方法。使用球磨法对秸秆进行预处理，通过工艺优化，能显著提高单位能耗的酶解产糖量（张志萍等，2012）。因此，球磨法受到越来越多的关注。

2. 化学法预处理

化学法预处理是利用酸、碱、有机溶剂、离子液等化学物质对原料进行预处理，打破各组分间的氢键连接，破坏木质素结构，增加可及度（Hsu et al.，2010；McIntosh et al.，2010；Koo et al.，2011；Fu et al.，2011）。臭氧分解法是利用臭氧作为氧化剂打破木质素和半纤维素对纤维素的包裹，加速纤维素的生物降解。同时，臭氧通过打破木质素的结构，将可溶解的乙酸、甲酸等组分释放出来，可大大提高降解率。

化学法预处理操作简单，能显著提高秸秆类生物质的分解效果，但其排放的酸碱性溶液仍会对环境造成危害。

3. 物理化学法预处理

物理化学法预处理包括自动水解、蒸汽爆破、二氧化碳爆破、氨纤维爆裂、湿法氧化、热液等方法。自动水解方法是利用纤维素在一定温度范围（150～230℃）在水介质中发生自动水解，半纤维素部分溶出，并在溶液中发生解聚，生产低聚糖和单糖的方法。木质素未发生显著变化，仍以固态形式存在（Chiaramonti et al.，2012）。蒸汽爆破、二氧化碳爆破、氨纤维爆裂等方法是在高压饱和状态下，蒸汽、二氧化碳及氨等小分子物质分散到秸秆类生物质的各孔隙中，随后在短时间内系统减压，使原料爆裂，在迅速减压爆裂过程中，由于高温、高压，生物质结构遭到破坏，半纤维素发生水解，木质素发生转化，纤维素的非结晶区增加，提高了酶等物质的可及度（Kabel et al.，2007；Bals et al.，2011）。爆破法预处理的处理效率高，能够以序批式和连续式两种处理方式进行，但是爆破过程会形成抑制酶解发酵的副产物，所以仍需要进一步的研究。湿法氧化方法是以氧气或者空气为催化剂，在120℃以上、0.5～2.0MPa的条件下，生物质原料在水中进行的氧化反应（Banerjee et al.，2009）。湿法氧化过程中半纤维素首先发生水解氧化反应，产生有机酸，木质素在有机酸的作用下发生降解，最终实现半纤维素和木质素的有效降解。该方法同样会产生呋喃、羟甲基糠醛等抑制物。热液方法是指将生物质放置于高温、高压水溶液中15min，不需要添加其他化学试剂或催化剂进行的生物质水解。热液方法不像蒸汽爆破等方法需要瞬时减压，高压环境只是为了维持高温下的液态水状态。这种方法已经广泛运用于多种农作物秸秆类生物质，如玉米芯、甘蔗渣、玉米秆、麦秸秆等，据报道其分解效率达80%以上，并且半纤维素也能有效降解（Garrote et al.，2001；Laser et al.，2002；Mosier et al.，2005；Perez et al.，2008）。

4. 生物酶解法预处理

生物酶解法预处理与物理化学法预处理不同，它不需要添加化学试剂，是一个环境友好型的预处理方法。通过微生物等的生物作用，生物质内的木质素和半纤维素降解，破坏其对纤维素组分的包裹，从而提高秸秆类生物质的生物转化效率。常用的微生物种类包括褐霉首、白腐菌、软腐菌等（Schurz et al.，1978）。生物酶解法预处理过程中，颗粒尺寸、含水量、预处理时间和温度等都会对降解率产生影响。因此，在生物酶解法预处理过程中，稳定适宜的环境非常必要，且不同的微生物类型也有不同的降解效果（Patel et al.，2007），要针对原料特性和产物要求选择使用不同的微生物类型。

虽然生物酶解法预处理耗能少、环境友好、不需要添加化学试剂，但是其处理周期长、反应装置占地大、微生物生长控制耗时多、降解效率不高，故其产业化应用仍受到限制（Wyman et al.，2005）。

通过对以上秸秆类生物质预处理方式的简单描述可以看出，目前仍没有切实可行的预处理技术能迅速实现成本降低和效率提高的双重目标、不产生危害环境的二次污染及后期反应的抑制物。因此，为了高效进行秸秆类生物质能源转化，需要开展更多的有关秸秆类生物质高效预处理技术的研究。

1.4 秸秆类生物质酶解工艺

秸秆类生物质最高效的预处理方式是纤维素酶的酶解，但纤维素酶成本高，阻碍了纤维素酶水解工艺的商业化运行。为了增加纤维素酶的可及度，降低木质素和半纤维素对纤维素酶的无效吸附，增加酶解效率，纤维素酶酶解常与许多行之有效的预处理技术联合使用（Wyman et al.，2005）。

酸碱预处理法、蒸汽爆破法、微波处理法、自动水解法等预处理都能实现对木质素和半纤维素的部分降解，提高酶水解效率（Viikari et al.，2012）。在秸秆类生物质的能源转化中，减小颗粒尺寸是能源转化过程中的关键步骤，既能改变秸秆类生物质的结构，提高酶解效率，又方便存储运输。机械粉碎有多种方法，如研磨、切断和打碎等。机械粉碎操作简便，易于实现工业化（Kumar et al.，2009；Miao et al.，2011；Vidal et al.，2011）。河南农业大学张全国教授课题组在前期实验基础上，将球磨超微粉碎预处理技术与纤维素酶解工艺结合，对多种秸秆的酶解效率进行分析，结果表明，超微粉碎秸秆结晶度和颗粒尺寸减小，酶解还原糖得率明显上升（岳建芝，2011）。Rivers 等（1987）对干法球磨和湿法球磨两种不同球磨方法进行研究，通过对多种木质纤维素进行粉碎，发现干法球磨使原料的结晶度明显下降，底物转化率增加（Rivers et al.，1987）。还有研究发现，原料颗粒度对木质纤维素的酶解有显著影响（Puri，1984）。因此，选用干法球磨与纤维素酶酶解反应结合的预处理工艺将大大提高秸秆类生物质的底物转化率。

1.4.1 秸秆类生物质酶解过程的影响因素

秸秆类生物质能源转化过程中，将纤维素转化为可溶性糖的酶解反应过程是至关重要的一步。酶解过程的成本取决于酶解效率、产糖量、纤维素酶协同作用、酶可及度及酶添加量等。最大限度地降低酶负荷、增加酶解效率是降低成本的关键措施（Zhang et al.，2013）。目前，大量研究集中在提高酶解效率、降低纤维素酶的使用成本方面（Mosier et al.，2005；Kim et al.，2006）。影响酶解效率的因素有：①秸秆类生物质的组成、结构及物理特性，如颗粒尺寸、结晶度、比表面积等；②纤维素酶的酶活性；③酶解过程的工艺参数，如酶负荷、底物浓度、酶解温度、酶解时间、产物抑制等。

不同的颗粒尺寸，会影响生物质内部的结晶度，改变其孔隙度和比表面积。研究表明，微米级别的秸秆颗粒的比表面积和还原糖产量显著大于毫米级别（Pedersen et al.，2009；Zhang et al.，2007），因为随着颗粒尺寸的减小，酶的结合位点增多，酶解效率提高。Grethlein（1985）对结晶区和酶解效率二者之间的关系进行研究，发现纤维素中大约有2/3 是结晶区。有研究表明，随着结晶区的减少，酶解效率增强，但同时又有相反结论（Fan et al.，1980；Grethlein，1985）。不同研究结果的出现说明结晶区可能不是唯一影响酶解效率的因素，研究时还需要考虑颗粒尺寸、孔隙度等因素对纤维素酶可及度的影响。

由于纤维素酶是一种生物催化剂，其酶活力大小受温度、酸碱度和时间等因素的影响。在稳定的热环境中，纤维素酶具有较高的比活性和热稳定性，并实现生命周期的长效维持（Voutilainen et al.，2010）。

不同秸秆类型在相同工艺条件下的酶解效率不同，这主要与其组分及结构有关。酶具有专一性，不同酶的组分不同，作用位点也不相同。因此要提高底物转化率，需要选择合适的酶（Zhang et al.，2006）。对工农业废弃物及餐厨垃圾等不同底物进行多酶复配的实验研究，通过对酶解工艺的优化，实现了特定底物的纤维素酶酶解效率的最大化（Öhgren et al.，2007）。然而，很多酶解实验是在低底物浓度、高酶负荷的工艺条件下进行的，造成纤维素酶的无效吸附，因此，需要对其最佳底物浓度和酶负荷进行控制（Berlin et al.，2005）。预处理过程产生的一些副产物，如有机酸、呋喃派生物和木质素派生物等，对纤维素酶有抑制作用，因此，去除终端产物也是增加酶解产糖效率的重要方法之一。

目前，通过对优势产酶菌株的选育以及基因改良技术的引入，已生产出更高效的纤维素酶，且单位糖产量所需的纤维素酶的酶量及成本进一步得到控制。同时，纤维素酶酶解工艺的优化，使得在相对温和的工艺环境中，低能耗、低化学物质添加、高酶解效率的低成本酶解得以实现。为了进一步降低酶解成本，纤维素酶的回收利用也是重要的举措之一。

1.4.2 纤维素酶回收利用技术的研究现状

秸秆类生物质能源转化过程中，酶解反应的成本占总成本的60%，因此，纤维素酶的回收利用势在必行（Deshpande et al.，1984）。酶解反应中，纤维素酶的回收利用能够有效利用纤维素酶的残余活性，提高单位酶的得糖率、降低耗酶量，可以大幅度降低工艺成本，提高竞争力，促进秸秆类生物质能源转化的产业化生产（Vallander et al.，1987；Ooshima et al.，1990；Lu et al.，2002）。纤维素酶活性能维持几个回收周期，大大降低了纤维素酶的添加量，节约了成本（Bajpai，2010；Lee et al.，1995）。纤维素酶的回收利用技术主要有酶固定化再利用技术（Wu et al.，2005）、超滤膜回收利用技术（Mores et al.，2001；Knutsen et al.，2004）及重吸附法回收利用技术（Tu et al.，2007a；李强等，2010）。

所有的蛋白质类物质的活性在溶液中都会逐渐衰减，大部分球状蛋白质，如酶等，又都有很强的表面趋向性，这一特性决定了纤维素酶固定化技术的可行性。纤维素酶的固定化会增加其稳定性，降低回收利用的难度（Van et al.，2013）；同时，纤维素酶的固定化可使酶对酸碱度或者温度的抗逆性能增强；且酶在反应中得以固定，便于与反应物分离，可重复使用，因此，纤维素酶被广泛研究和使用（Geiger et al.，1998；

Sinegani et al., 2001; Sinegani et al., 2005)。酶固定化方法多样，有吸附法、包埋法、交联法和热处理法等。酶固定化技术条件温和，操作相对简便，但是会对酶活力造成一定的影响，且不同固定化方法对酶的结合力不同，因此，应控制固定化过程的工艺参数，不断寻找适宜的固定化技术（李小冬等，2011）。

酶解反应后，纤维素酶通常分散在酶解液的固液相之间，以液相中的游离态形式存在，或者与富含木质素的水解残渣结合。游离态的纤维素酶可以通过超滤膜法或者新鲜基质重吸附法回收利用，与木质素水解残渣结合的纤维素酶可用洗脱抽提方法进行回收，回收率达 90%（Slnitsyn et al., 1983; Ramos et al., 1993; Tjerneld, 1994; Katzen et al., 1994; Tu et al., 2009）。同时，超滤膜法还可回收纤维素酶和纤维二糖酶，并除去酶解过程中产生的终端抑制物，但纤维素酶等要以液相的形式存在，且超滤膜法对设备的要求较高，要严格控制操作条件，避免滤膜的污染，操作过程较为复杂（Tu et al., 2007b）。重吸附法是 3 种方法中最简单的一种。纤维素酶能较强地吸附于纤维素上，因此，采用新鲜纤维素类原料对反应液中悬浮的纤维素酶及基质中残留的纤维素酶进行吸附回收再利用，是降低酶解成本、提高经济可行性的重要途径（Reese et al., 1980）。重吸附法回收利用纤维素酶操作工艺简单，对设备要求不高，有利于产业化推广应用。

为了提高纤维素酶的回收利用率，许多学者对回收工艺条件进行了大量研究。有报道指出，表面活性剂的添加有利于提高纤维素类生物质的酶解效率，减少纤维素酶与木质素的无效结合，且可以提高纤维素酶的回收效率（Eriksson et al., 2002; Alkasrawi et al., 2003; Steele et al., 2005）。楼宏铭等（2013）研究了 pH 对麦草碱木质素与纤维素酶吸附能力的影响，发现在 pH 为 4.8～6.0 时，静电斥力存在于纤维素酶与麦草碱木质素之间，使纤维素酶与麦草碱木质素之间的吸附作用降低；随着 pH 的增大，这种静电斥力进一步加强，促使更多纤维素酶游离脱落，提高了纤维素酶的回收利用率。周江敏等（2000）对不同底物浓度和酶用量条件下的酶水解及酶回收工艺进行研究，得出了适宜的水解条件，验证了新鲜底物吸附法用于纤维素酶回收利用过程的技术可行性。对纤维素酶回收利用技术的研究，为降低秸秆类生物质能源转化过程中纤维素酶的酶解糖化成本提供了有效的解决方案。

1.5　光生化反应器性能及其与产氢过程的关系

秸秆类生物质能源转化过程主要包括预处理、酶解或水解糖化和发酵。发酵作为能源转化过程的最后环节，决定了能源转化的最终效果。光合产氢过程中，光合细菌的生长和代谢都需要光源，因此，发酵进行的场所——光生化反应器的性能对产氢过程至关重要。光生化反应器的结构特征、光源分布及产氢料液的流动形式、传热特性等都对光合细菌的生长和代谢产氢有影响，因此，需要对光生化反应器性能进行研究。

1.5.1　光生化反应器的分类及其特点

光生化反应器是指能够应用于光合微生物及其他具有光合能力的组织或细胞培养、生化催化反应进行的一类装置（王长海等，1998）。光生化反应器的研究始于 20 世纪 40 年代，主要是为了大量培养微藻，用以探索其作为实用蛋白和燃料等资源的可行性。20 世纪 50 年代起，出现了许多不同结构特征和流动形式的实验室及中试规模的光生化反应器

（Brunel，1951；Mituya et al.，1953；Burlew，1953；Pirt et al.，1983）。

性能优良的光生化反应器需要有严密的结构、良好的液体混合性能、高光热质传输速率及适宜的检测控制装置。Richmond（2008）提出光生化反应器的设计原则，并指出影响光生化反应器性能的因素有光源分布、生物质浓度、搅拌、剪切力、温度控制和气液传质速率等。

许多学者对光生化反应器内部光辐射强度、结构特征和搅拌工艺等进行了研究，提出间歇光源更有利于提高光合作用效率，搅拌工艺的加入更有利于反应器内部传质过程的强化（Phillips et al.，1954；Hu et al.，1996）。光生化反应器有多种分类，如机械搅拌式、挡板式、气体搅拌式、固定床式、流化床式和生物膜式等。在光生化反应器内，添加搅拌、挡板和通气等的设计都是为了延长反应液的路径，增加接触比表面积，增加传质传热效率。

机械搅拌式光生化反应器较易实现酸碱度和温度等的控制，且可以实现大规模生产应用，然而机械搅拌会增加电能等的消耗，使发酵罐内的结构复杂化，不易清洗和维持无杂菌环境，而且会破坏丝状菌、损坏细胞结构，因此，在某些细胞培养和生化反应过程中不宜采用。

挡板式光生化反应器增加了挡板附件来改变反应液的流动方向，工艺简单，且不会有额外能量消耗。挡板的存在改横向（轴向）流动为纵向（径向）流动，促进液体翻动搅拌，增加相间的传质能力，且使反应液在反应器内的流程变长，增加了反应液在反应器的水力停留时间，进一步增加了原料利用率。

气体搅拌式光生化反应器结构简单，通过向反应液内部通入空气，使气体在反应液内均匀分散并起到搅拌的作用，增加了反应液内部的传热传质效率。通气装置易于操作，消耗功率较小，与机械搅拌相比大幅降低了对细胞的剪切作用力，而且因为无传动部件，反应器设计过程中易于密封和创造无菌环境。但是由于整个反应周期通气量较大，空气灭菌环节需要严格控制，对于一些要求厌氧环境操作的生化反应不宜采用该种方法。对于动力黏度较大的反应液，通气设计无法大幅提高其传递系数。该方法适用于对剪切力较为敏感的动植物细胞的培养及大规模生产。

固定床式和流化床式光生化反应器不同于搅拌式、气升式等结构的反应器，它们更适用于以固定化酶或细胞为催化剂的光生化反应器及一些固态发酵反应等。固定床式光生化反应器可实现生物催化剂的连续或者重复使用，提高了单位催化剂的生产效率，且具有较高的反应速率和转化率，结构简单，易于规模扩大。但是其流速慢，温度和酸碱度不易控制，底物和产物存在轴向浓度分布，易产生阻塞现象。目前固定床式光生化反应器已在催化剂的选择性分离、固定化酵母发酵产乙醇、工农业废水的生物处理领域得到了应用。流化床式光生化反应器是固定化颗粒在流体中保持悬浮状态下进行生化催化反应的装置，流体可以使液体、气体或气液并存。流化床式光生化反应器具有较好的混合能力及传热传质性能，操作简单，易于控制环境工艺参数，不易发生堵塞，但是其最佳操作范围较窄。

生物膜式光生化反应器是一种将生物膜分离技术与光生化反应器组合在一起，进行固态发酵反应或生物废气等处理的新型反应器。气相和液相回路被渗透膜分隔成两部分，既解决了液相传质过程中的阻力问题，又避免了生物膜的堵塞问题（曹明福，2011）。生物膜式光生化反应器设备投资较低，操作简单，但是反应液需要经过预处理，反应器内部难清洗，反应液的流动状态不易控制。

不同光生化反应器有不同的适用范围，在前期研究基础上，许多学术及工业界学者、专家逐渐将研究重点集中在通过研发新的结构形式和操作工艺，优化光辐射机制、水力学特性、传热过程等调控技术，提高光生化反应器的性能方面。光合产氢过程中，根据光合细菌的生长代谢需要，整个产氢周期内都需要光源补充，而且光生化反应器内部存在着复杂的多相流流动、光热质传输现象，其特性都直接影响光生化反应器内温度、底物浓度、产氢速率、光能转化率等关键工艺参数，影响反应器性能，因此，需要对生物产氢过程中光生化反应器进行研究。

1.5.2 光生化反应器的光热质传输特性及其研究现状

光生化反应器的传递特性主要包括光热质传输特性。在利用生物质粉体进行产氢的过程中，固液比较大时，有利于微生物的传质和传热过程的进行。但是反应料液本身动力黏度、浊度及均匀性等影响因素的存在，使其对温度的变化十分敏感，也对光照强度及分布传输特性影响较大。生物质多相流的流动特性、光能及热能的传递、传质等特性都直接影响其光生化产氢过程（Zhang et al.，2014）。

1. 光生化反应器的传光特性

光生化反应器内的光能传输和分布非常复杂，主要分为3个部分：第一部分光能透过反应器壁面进入反应器内，被光合细菌捕获，经过一系列复杂的传递和转化，用于光合细菌的新陈代谢，产生氢气和合成细胞内物质；第二部分光能被反应液吸收转化为热能，并在反应液内积累；第三部分散射流失。光能以辐射能形式参与生化反应，光能传输对光合细菌生长、新陈代谢、光能转化效率和产氢能力等都有显著影响，提高光生化反应器内部的传光效率成为其规模化应用的瓶颈之一。

光生化反应器结构形式多样，且由于反应液内光合细菌及其他悬浮物的相互遮蔽和光吸收效应，使光能发生不断衰减（陈智杰等，2013）。目前，人们常采用经典光学理论中的 Lamber-Beer 定律来描述光生化反应器内部的细胞浓度和光径等对光传输过程中强度衰减的影响规律（Aguilera et al.，2011）。考虑光衰减的光生化产氢体系的光能传输模型如式（1.1）所示：

$$I = I_0 \exp[-(k + k_0 \times C) \times L] \tag{1.1}$$

式中，I 为经历光衰减后的剩余光照强度，W/m^2；I_0 为入射光光照强度，W/m^2；k 为吸光系数，m^{-1}；k_0 为细菌的自身遮蔽效应，mL/（m·10^6 个*）；C 为细菌的细胞浓度，10^6 个/mL；L 为光径，m。其中吸光系数物理意义为单位浓度、单位厚度的物质的吸光度。反应液组分性质不同、光源不同都会影响光衰减性能。

影响光能传输的因素主要有光照强度、光周期、细胞密度、反应器结构等。光照强度必须满足光合细菌进行光合作用的需要，否则就会影响光合作用效率，细菌量及活性都会减弱。光照强度越高，光能在反应液中的穿透能力越强，但是光照强度太强，也有可能超出光合细菌所能忍受的光强极限，降低其光能利用率。在不适宜光周期下，光合细菌的生长代谢也会受到影响，甚至加速衰亡。细胞密度越大，对光能的遮蔽作用越大，光的强度在反应液内会迅速衰减，普通太阳光在微藻培养反应器内只能穿透几厘米深的培养液，无法深入内部，这也就造成了光生化反应器中普遍存在的光源分布不均、内部缺乏光照的问题。不同的光

---

* 指细菌的细胞数。

生化反应器结构（如管式、开放式、平板式等）以及反应器制作材料（如塑料、玻璃、有机玻璃或其他透明材料），也会影响传光性能，并对光源的分布起到至关重要的作用。

光照是光生化反应器内细胞或组织进行光合作用的主要能量来源。光合产氢过程需要消耗腺嘌呤核苷三磷酸（adenosine triphosphate，ATP）和具有还原能力的自由电子，实现高效产氢的一个重要因素就是要有充分的 ATP 供应（Miyake et al.，1999）。ATP 的合成需要在光照下进行，且适宜波长为 522nm、805nm 和 850nm 3 种（Akkerman et al.，2002；Chen et al.，2006）。因此，光生化反应器在选用光源的过程中要充分考虑光源类型及光照强度。Miyake 等（1999）利用太阳光进行生物产氢，光能转化效率达到 8%。而 Akkerman 等（2002）指出最大理论光能转化率为 10%。很多文献中对光生化反应器的传光特性进行了研究，结果表明，低光照强度情况下光能利用率提高，但是累积产氢量和产氢速率均下降（Barbosa et al.，2001；Shi et al.，2005）。由于光合作用过程中存在光饱和现象，光照强度过高不利于光能利用效率的提高，因此要尽量避免对光照的过分吸收及光辐射吸收过程中的无效耗散（Melis et al.，1998；Melis，2009）。

为了提高光能转化效率，维持合适的细胞浓度，营造适宜的生化反应环境，合适的光照强度和光波长、光源的均匀分布及反应过程中的搅拌等都很重要。搅拌等使光合细菌在光照区域有所停留，在生长代谢过程中短时间曝光，有助于营造明暗交替环境（Koku et al.，2003；Eroglu et al.，2011）。Akkerman 等（2002）对 3 种不同形式的光生化反应器内部的光强梯度、搅拌引起的反应器内部的明暗交替循环、光合作用效率等因素进行了考察。Janssen（2002）等也发现在不同形态和操作手段的反应器［如垂直柱状反应器（气升式和鼓泡式）、平板反应器和管状反应器］中细胞在反应器内部的曝光区域和黑暗区域内循环出现，交替时间越短，光合作用效率越好。透光区大小与反应器几何尺寸、细胞浓度、入射光波长、吸收率等因素有关。平板式反应器的光化学效应好，细胞产量高；管式反应器由于其较短的明暗交替周期，光能转化效率较高（Zhang et al.，2014；Kondo et al.，2002；Nakada et al.，1995）。

传统反应器多采用外部供光的方式，光源与反应器壁面之间的距离较远，光照强度在到达反应器壁面之前呈指数式衰减，限制了光能转化率。Kumar 等（1995）利用三原色理论为基础的图像分析方法，分析了反应器内部的光照分布情况，研究了外部供光的全混罐式光生化反应器的光照分布，并对不同的光源位置分布进行了研究，得出光源在壁面附近和壁面内部时反应液内的光照分布情况，改进了 Lamber-Beer 定律来预测不同细胞浓度和光照强度下反应器内各处的光照情况（Kumar et al.，2013）。

为克服外部供光伴随的无效光能辐射问题，反应器内部照明系统的设计思路得到了广泛重视。内部供光不仅能维持反应器内均匀的光照分布，还能最大限度地避免因细胞浓度增加而造成的荫蔽现象（Ogbonna et al.，1996；Ogbonna et al.，1999；Chen et al.，2008）。

2. 光生化反应器的传质特性

光生化产氢过程中，光生化反应器内部的反应系统是典型的多相流反应体系，存在明显共存的气液固三相。对光生化反应器传质特性的研究，主要是研究光生化反应器不同结构及操作方式引起的光生化产氢多相流流体的流动特性变化、产氢系统多相流反应液自身的流变特性对产氢过程中有机物组分质量传输性能的影响，以及光合细菌通过生化反应降解有机物的产氢特性等。

影响传质的主要因素有操作条件（温度、压力、搅拌速率等）、反应液理化性质（反应液的动力黏度、反应液组成、反应液流动状态、生化反应类型、产物抑制等）和反应器的结构（反应器的不同类型、反应器各部分的设计规格、反应器的设计工艺等）。由于光合细菌的新陈代谢，其产生的氢气和二氧化碳以气泡的形式存在于光生化反应器内的反应液中，在顶层空间中形成泡沫，反应液中溶解氢的浓度直接影响光合细菌的代谢及生化反应的进行，即“氢分压”影响传质效率。氢分压增加，产氢活动受到抑制，传质效率降低。因此，降低反应液中溶解氢的浓度会促进气液之间的传输，提高光合产氢的产氢量（Pauss et al.，1990；Masset et al.，2010）。一般来说，为了有效促进气体的逸出，产物必须及时排出，以减小顶空压力及氢分压对光合细菌生长及制氢过程的抑制作用。

光生化反应器内部的多相流流变特性与反应器结构和尺寸密切相关，不同结构和尺寸的光生化反应器，其固相的浓度分布、液相的理化性质等都不相同。温度和压力会影响反应液的理化性质及光合细菌的生物活性，进而影响反应器的传质能力。反应液的动力黏度、密度、表面张力、溶质的扩散系数及生化反应产物的性质等都对传质系数有影响。一般来说，搅拌会提高传质效率，因为其能打破反应过程产生的气泡，使反应液充分混合，维持光合细菌的悬浮状态，增加其与反应液的接触。但是随着发酵过程的进行，生化反应的产热与搅拌产热等造成的热量积累不利于反应的继续进行，热量需要及时散出以保持较佳的反应温度。同时，搅拌工艺的添加还要注意合理的搅拌速度，因为搅拌速度过快会带来过大的剪切力，可能会破坏光合细菌结构并产生大量泡沫，从而限制传质能力。宋亚婵等（2008）就曾对玉米秸秆厌氧发酵产氢过程中反应液的流变特性进行研究，确定了厌氧发酵产氢多相流反应液为非牛顿流体，搅拌速度对多相流的流动有显著影响。通过对不同搅拌速度下产氢效率的考察，进一步验证了搅拌速度对反应过程中传质特性的影响。

3. 光生化反应器的传热特性

光生化反应器的传热特性直接影响反应液的温度。大多数生化反应对温度变化很敏感，且温度又是光合细菌生长代谢的主要限制性因素，同时还对反应液中的组分扩散、基质转化、生化反应的进行等有影响（陈智杰等，2012）。因此，研究生物质多相流光合产氢系统的热行为非常有必要，对光生化反应器内部的传热特性进行把握和调控是实现高效产氢的重中之重。

光生化反应器内部的温度场分布通常会受到反应液的流动状态、光辐射换热、反应器内部的蒸发散热、生化反应热、反应液的热物理特性等物理化学过程的影响。只有对各个环节进行充分考虑，才能准确地描述反应器的温度场分布情况。在光合产氢过程中，光合细菌活性以及参与反应的酶对温度变化特别敏感，反应器内部分区域或全部区域温度偏高或偏低都可能会导致菌体活性较低，甚至死亡（徐舒，2004）。光合细菌生长代谢的适宜温度是30～40℃（Stevens et al.，1984；He et al.，2006），因此，传热问题是光合产氢反应过程的重要限制因素（Xu et al.，2009）。

影响光生化反应器内热量传递的因素主要有反应液自身的物理化学性质（如导热系数、比热容等）、多相流反应液的流变特性（如黏度、流态、浓度分布等)、外界空间环境的变化(如光照强度、反应器所处室温等)、光生化反应器结构及传热机理等。但是,目前为止,从流体流动、传热机理等角度出发,综合考虑光生化反应器系统内部传热特性的研究还很少,对光合产氢多相流反应系统的传热情况还没有确切的描述。

1.5.3 光生化反应器对产氢过程的影响

光生化反应器是生物质多相流光合产氢系统的关键设备,其目的是为光合细菌提供适宜的生长代谢环境,使其最大限度地生产氢气。在光合产氢过程中,光生化反应器结构、操作方法不同,必将影响光生化反应器内部的光热质传输特性,进而影响光合产氢过程。因此,光生化反应器的设计应充分掌握产氢微生物的生化反应机制,并对各传输过程的影响因素有清晰的了解。

有学者认为要想最大限度地优化光合产氢过程,光生化反应器的设计应满足如下特征:①保证不会发生氢气渗漏;②透光,能实现光穿透能力最大化;③满足高表面积体积比,以利于更好、更均匀地布光;④应满足生化反应的操作要求,适宜微生物生长代谢,如厌氧无菌环境等;⑤提供良好的混合性能,促进光热质传递;⑥选材耐用、易于清洗和灭菌,且不参与反应等;⑦系统要有切实可行的管路和仪表控制组件方案(Dasgupta et al.,2010;Chen et al.,2011;Uyar et al.,2011)。搅拌工艺能够使光照、温度等分布均匀,并加速光合细菌与产氢底物的接触,在增加产氢量的同时还能去除光生化反应器内生成的氢气和二氧化碳。因此,在规模化产氢过程中,一般要进行搅拌环节的设计。

光生化反应器有序批式和连续式两种不同的操作方法。在序批式反应器光合生物产氢过程中,当光合细菌生长至稳定期时,产氢量普遍下降。而连续培养及产氢模式，能够延长光合细菌的对数生长期，确保产氢量的最大化。有研究表明，连续式光生化反应器的采用，大大提高了制氢速率，达到 180mL/（L·h）（Zürrer et al.，1982）。表 1.2 对不同类型光生化反应器的操作手法及光发酵生物产氢性能等进行了对比，讨论了其设计的优点和局限性（Chen et al.，2011）。

表 1.2　不同类型光生化反应器产氢能力的对比

光生化反应器类型	操作稳定性	产氢能力	优点	缺点
传统类型	高	低	利用自然光或人工光源进行供光，操作简单	产氢过程中光热质传输效率不高，光能随光径增加呈指数形式减少；光合细菌生长能力弱；产氢能力偏低
太阳能激光纤维光生化反应器	高	高	利用侧光光纤最大限度地收集了太阳光；内置光源保证了光照的均匀分布；减少了细胞浓度增加所产生的遮蔽效应	由于太阳光的周期性及不确定性，光照强度波动较大；利用激光纤维供光，光能收集及传输的成本增加，且寿命短，而定期更换使成本增加
固定光合细胞式光生化反应器	适中	适中/高	连续式操作过程中，固定化细胞能增强细胞的滞留期，减少由于短水力停留时间而造成的细胞流失；增加了细菌与制氢基质的接触，产氢速率、产氢量和底物转化率提高	细胞固定化会增大所占的空间，影响光穿透性，降低光能利用率；白炽灯供光使能耗增加，成本提高
平板式光生化反应器	高	适中/高	能实现大面积布光，光径短；操作成本低，易于清理；高细胞密度和产氢量	不利于规模化应用，成本略高；难于控温；易结膜，水头压力大
户外利用太阳光式光生化反应器	低	低	完全不用耗电来供光	稳定性差，无法保证稳定的光照强度，其他操作成本高
用 LED 作为光源式光生化反应器	高	适中/高	LED 光波长，利于光合细菌生长，能增加光能转化率；形式各异，能嵌套至各种形态反应器中；低耗能、长寿命、低产热	—

对不同形态、不同供光方式的光生化反应器的产氢情况进行对比分析，可知不管在实验室水平还是中试水平，光生化反应器的设计和操作都要充分考虑光源的正确选用，提高光能利用率，保证稳定的光合细菌

生长和代谢环境。除了把握设计和操作环节以外，利用基因工程技术对光合产氢细菌进行改良，增加其光能捕捉能力，降低其吸氢酶活性，加强其对抑制性副产物的耐受能力，以及利用各种分析软件对生物质光合产氢多相流内部的光照和温度场分布情况进行全面控制也是增加光合产氢能力的重要手段。

1.6 多相流体系的研究

1.6.1 多相流体系的定义

物质一般有固、液、气三相，在多相流体系中，“相”的概念更为宽泛，不仅按照物质的状态进行划分，还可按照物质的化学组成、外形特征等进行划分，即可定义为相同类别的物质，该类物质在所处的流场中具有特定的惯性响应，并与流场相互作用。多相流是指存在一种相以上的流体的流动，各相间有明显可分的界面，并且都具有各自的流场参数，如速度、压力、温度、密度和动力黏度等（Williams et al.，2009）。

多相流是在流体力学、传热传质学、燃烧学等学科基础上发展起来的一门新兴学科，广泛应用于能源、动力、化工、环境保护及航空航天等领域。多相流的研究，是对界面清晰的、共存的、不同相态或不同组分物质的流体动力学以及传热传质过程规模的研究。在自然界、科学研究及工业生产、生活中，存在着多种不同形态或不同组分物质混合流动的问题，通常把这种流动体系称为多相流体系，相应的流动相就称为多相流。多相流体系中，两个或多个固相、液相和气相物质可以任意组合（车得福等，2007）。但是同相间的两种组分，由于物理化学性质差异显著，二者互不相溶，如油和水。多相流在工业等领域的应用有多种不同的形式，如鼓泡流、液滴流、颗粒流、活塞流、环状流、层状流和自由液面流等。多相流的另一个重要应用是与相变及相间传热结合在一起，如喷雾冷却过程、能源生产过程等。

目前，国内外已经形成许多多相流研究中心，各个科研院所纷纷成立了多相流实验室，学术活动十分活跃。中国工程热物理学会、中国力学会有关多相流的专业委员会的成立，西安交通大学多相流重点实验室的建设，都大力推进了我国多相流研究工作的发展（陈学俊，1991）。

1.6.2 多相流体系分析理论

多相流间会存在相间的相互作用有相间滑移速度的存在产生的动量传递、浓度差导致的质量传递，以及温差造成的热量传递等。除了相间的动量、质量及热量的传递，多相流体系内部可能还会伴随生物化学反应，增加多相流体系的复杂性。

多相流体系运动状态的分析需要把握几个特征时间参数，即流动时间t_f、扩散弛豫时间t_r、平均运动弛豫时间$t_{r'}$、流体脉动时间t_T和颗粒间碰撞时间t_p。通过对各个特征时间参数的比较，将多相流的运动状态分为无滑移流（平衡流）$t_{r'}/t_f$远远小于1、强滑移流（冻结流）$t_{r'}/t_f$远远大于1、扩散-冻结流t_r/t_T远远大于1、扩散-平衡流t_r/t_T远远小于1、稀疏悬浮流$t_{r'}/t_p$远远小于1和稠密悬浮流$t_{r'}/t_p$远远大于1，共6种（多相流动的基本理论）。在对多相流体系的运动理论进行研究的过程中，按照对颗粒的处理方式不同，一般分为微观和宏观两种视角，即微观离散介质理论和宏观连续介质理论。

微观离散介质理论是从分子运动理论出发，将多相流体系视为一个拟连续介质和一个离散相。多相流内离散颗粒的存在形式如图1.3所示。

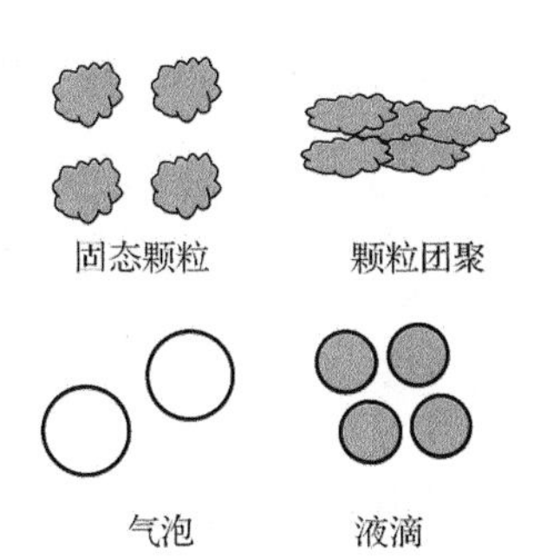

离散颗粒相态	不同分散剂相态下的离散颗粒存在形式		
	气相	液相	固相
气相		雾	尘
液相	泡沫	乳化液	悬浮物
固相	多孔介质	多孔介质	

图1.3 多相流内离散颗粒的存在形式

以离散相颗粒为研究对象，进行多相流微观分析，以Boltzmann方程和统计学理论为研究基础，建立多相流守恒方程，探讨颗粒动力学及其运动轨迹，能准确表达单颗粒的运动及颗粒间相互作用的微观特性。该理论下的多相流模型有单颗粒动力学模型和颗粒轨道模型。

宏观连续介质理论是指多相流中各相含量平等，体积分数或密度等在同一数量级左右，将多相流中的各相都视为连续介质，各相在空间上都有连续的速度和温度分布，以及等价的运输性质，如动力黏度和扩散等，且各自满足连续性方程、动量方程和能量守恒方程（郭烈锦，2002；单麟婷，2010）。该理论下多相流模型主要有小滑移模型、无滑移模型和拟流体模型。利用数学建模的手段对多相流体系内各相及相间的物理化学行为进行模拟和预测，是研究多相流体系的重要手段。

1.6.3 生物质多相流体系的特征

1. 生物质多相流体系的组成

光合产氢微生物在光生化反应器内，以秸秆类生物质酶解液为碳源，在添加微量营养元素的基础上利用光能制取氢气。生物产氢体系的核心装置——光生化反应器，是一个含有多相流流动及光热质传输的复杂体系。产氢料液的多相流动和输运特性与光生化反应器的结构特征、生化反应特性、底物降解能力、微生物生长情况及产氢性能密切相关，对生物质光合产氢多相流体系的研究涉及生物反应工程、环境工程、微生物学、工程热物理等多学科交叉领域。

生物质多相流光合产氢体系的组成主要包括固相的光合产氢微生物、生物质颗粒，液相的产氢料液，以及光生化反应所生成的气相的氢气及二氧化碳等。对该体系进行研究，要充分考虑微生物复杂的生物化学反应与产氢料液的动力黏度、扩散系数、热传导等因素对光热质传输过程的影响，以及整个反应器结构、流动特性等对底物传输性能和产氢能力的影响。

2. 生物质多相流体系的传输性能

生物质多相流体系中必然存在着某些物理量的传输，如能量传输、质量传输、动量传输等，目的是使不同流层内的各物理量均匀化。动力黏度、扩散、热量传输等是对分子传输性质的统计评估。其在宏观上的表现如下（陶文铨，2001）。

1）能量传输

当多相流体系中因温度分布不均匀而存在温度梯度时，为了使温度分布均匀化，热量从高温处流向低温处，该传输过程有传导传热、对流传热和辐射传热 3 种。该过程遵循傅里叶定律。

2）动量传输

当多相流体系中存在速度梯度时，两流层间存在相互作用力，这是流体自身所具有的阻滞流动或变形的性质。黏性力与黏性系数符合牛顿黏性定律。

3）质量传输

当多相流体系中，某成分的浓度分布不均匀，即存在浓度梯度时，分子运动使之均匀化，称为质量传输。其主要是对扩散过程中的连续介质物质迁移规律和迁移速度的研究。浓度梯度与质量传输密度的关系遵循菲克第一定律。

流体在流动中存在着各种动量、力和能之间的平衡和传递，且各物理量之间存在着内在联系，因此，在研究多相流体系的过程中，应考虑各物理量。

在生物质多相流光合产氢体系中，光生化反应器内部涉及光能的传递和微生物的光生化反应，具有更为复杂的传输性能，如微生物利用反应液中的碳源进行生长代谢的过程中，细胞的活动会释放出代谢热，并对光能利用率、产氢能力等造成影响。光能利用情况的改变又进一步影响多相流体系的辐射热的变化，进而影响反应器内的温度分布及产氢情况。从 20 世纪 70 年代起，Boling 等（1973）对细菌生长热谱进行了研究，验证了微量热法用于测量生化反应热的可行性。谢昌礼等利用热导式生物活性量热计测得了细菌生长过程中的完整热谱，并从细菌产热量正比于菌体数目这一假设出发，导出细菌生长的热动力学方程（Xie et al.，1989）。微生物的代谢活动普遍存在放热过程，同时由于光合产氢反应过程对温度变化很敏感，需要对细菌代谢产热予以重视。

1.6.4 生物质多相流体系热量传输研究现状

有关光合产氢多相流体系的研究目前主要集中于微生物的生化反应特性、生化反应动力学模型、传质模型的建立及多相流体系流变特性的研究等，对生物质多相流光合产氢体系的热量传输过程的研究仍较少（Wang et al.，2010；刘大猛，2010；荆艳艳，2011）。

1. 多相流体系热力学特性研究与进展

生物质多相流光合产氢体系满足能量守恒方程，即流体微团单位质量的总能量包括内能与动能。光合产氢体系反应液的流速不变，且无搅拌等外力的作用，可忽略动能，反应液中总能量的变化来源于热传导及生成热（由化学反应等引起的热量）的变化。光生化反应器的主要热量来源为光能，整个反应周期内，由光源发出的辐射热一部分散失在外界环境中，一部分被光合细菌吸收利用进行生化反应，还有一部分被反应器壁面及反应液等吸收，造成了光生化反应器内部温度梯度的存在。对这部分导热情况进行分析，可用实时温度传感器测量技术对反应器壁面及其各点的温度进行测量，了解反应过程中的温度变化，或者测量各相关物质的物理化学参数，如导热率、比热容、动力黏度等，利用热力学方程进行计算。

许多学者对鼓泡式柱状反应器的传热情况进行了研究，发现反应器的结构特征、操作条件（如温度、压力等）、气体的鼓泡速度、固相物质的种类和浓度等都对反应传热有影响（Li et al.，2001；Lin et al.，2001；Li et al.，2002）。Kantarci 等（2005）利用设置在光生化反应器内部的温度传感器，对加热元件表面及周围液体的温度进行测量，求得了加热元件与其周围液体之间的传热系数。

生物质多相流光合产氢体系内部所发生的物理化学变化及微生物代谢过程都伴随着能量的变化，对这些过程中产生的热能变化进行测定和研究形成了工程热物理的一个重要分支——热化学。对生物质多相流光合制氢体系热效应的了解可以帮助人们研究有关现象和规律。

随着科技的不断进步,“静态热化学”已不足以解释和描述各现象,能够描述变化细节的“动态热化学”随即出现。各种高灵敏度、高自动化水平的微热量热计等不断涌现,集热化学与化学反应动力学为一体的新学科——“热动力学”应运而生(刘劲松等,1993)。热动力学在量热学、化学热力学和化学动力学的基础上,将自动量热计与反应器连接,对生化反应中的热量变化进行准确监测和记录,绘制变化曲线,同时提供热力学和动力学信息。自动量热法适用于大部分反应体系,对反应体系的溶剂、光谱及电化学等性质都没有额外的限制条件,操作过程简便,能够随时改变工艺条件,方便进行数学模拟。基于以上优点,自动量热法得到越来越多的应用,成为生化反应研究过程的有效手段(王素兰,2007)。

生物质多相流光合产氢体系主要存在 4 种热量交换形式,即热传导、热对流、热辐射和光合细菌的生化反应热。对生化反应热的计算测量不仅是全面把握分析体系热量变化的要求,也是预测光合细菌生长代谢产氢情况的重要手段。无论在连续式还是序批式生化培养过程中,产热速率与光合细菌的生长代谢状况都息息相关(Schumer et al.,2007;Maskow et al.,2001)。利用微量热法测量生化反应热,可实现静态连续测量,不会干扰生化反应系统的正常活动和代谢,且可获得生长代谢的热动力学信息,因此,得到越来越多的关注(胡江,2009)。

2. 热量传输过程的影响因素分析

多相流系统中,不同的流动形态、各相的热物理性质、各相所占的份额、相间的导热行为、颗粒浓度、颗粒运动规律等都会影响传热系数。1883 年英国物理学家雷诺首次将单相流动形态定量地鉴别为层流和紊流，后人在此基础上，对单相流动及其传热过程开展了广泛的研究，推导出适合多种流动形态的传热关联式（Fand，1965；Eckert et al.，1987）。刘传平等（2014）对不同流态下多相流的传热特点进行了综述，对影响传热过程的因素和气固两相流的传热机理与模型进行了总结，固相颗粒浓度、颗粒运动对气固两相流传热过程有决定性作用，气体流速、压力和温度等操作参数仍主要是通过改变颗粒的运动状态和浓度分布，进而影响传热过程。在有液相存在的多相流系统中，液相一般是影响多相流流动换热的主要因素，其流型、流速、雷诺数、导热系数等都会影响多相流的热量传输过程（胡志华，2003）。在存在对流传热的多相流体系中，流体的性质及相变情况、流体的流动状态、传热面的形状和位置等都明显影响其热量传输过程。有辐射换热存在的多相流体系，其影响因素还有辐射强度、吸光度、散射率、光径等。实际中，热量传输过程一般都不是单一的，通常会是辐射、对流和传导 3 种传热方式的综合，且其遵守不同的传热规律。在后期的研究计算过程中，一般都将各方式分解并单独计算，再加以综合。

在生物质多相流光合产氢系统中，影响热量传输的因素，除外界环境条件变化、反应液自身流动状态及反应液热物理性质外，还有生化反应的进行。由于生物的新陈代谢具有自发热效应，在考虑外界环境温度、辐射热等热源对生物质多相流光合生物产氢系统的影响的基础上，还要考虑光合细菌的生化反应热。

3. 多相流体系热稳定性的重要性及其控制手段

微生物生长及产物合成受到许多环境因素的影响，如温度、搅拌、空气流速等，了解微生物代谢调节与外界环境间的关系，对提高微生物活性和增加产气有直接的作用。

温度影响微生物的生长。不同的微生物最适成长环境和耐受温度范围各不相同。以下列举了一些不同菌种的最适生长温度：嗜冷菌为18℃，嗜温菌为37℃，嗜热菌为55℃，嗜高温菌为85℃。微生物在低于最适生长温度的范围内比在高于最适生长温度的范围内有更强的适应力，生长温度跨度约为 30℃。蛋白质在温度过高情况下会发生性质改变，并伴随酶的失活。微生物的典型活化能是50～70kJ/mol，当温度高于最适生长温度时，生长速率迅速下降。

温度对微生物的代谢活动有影响，会影响反应速率。温度变化会影响微生物内部大分子蛋白及脂质物质的合成，且酶在微生物产物合成过程中起催化作用，微生物生化反应速率就是酶反应速率，应使其维持在适宜温度。温度的波动会造成发酵类型的改变，如由丁酸型发酵向乙醇性发酵转变等，不同的发酵类型产氢能力不同（Boran et al.，2010）。

温度会影响产氢过程中反应液的物理性质。温度升高，反应液的动力黏度、基质的降解速率等都会发生变化。因此，热稳定性对光合细菌的生长非常重要，稳定的外界环境是强化生物质多相流光合产氢系统产氢能力的重要保障（储炬等，2010）。

生物质多相流光合产氢体系中，热量变化由以下几个部分组成：

$$\Delta Q = Q_{\text{生化反应}} - Q_{\text{搅拌}} - Q_{\text{蒸发}} - Q_{\text{辐射}}$$

式中，$Q_{\text{生化反应}}$为微生物在生长代谢过程中所产生的热量；$Q_{\text{搅拌}}$为通过搅拌增加反应器内流体的流动性能而产生的热量；$Q_{\text{蒸发}}$为在水分蒸发、气体生成逸出过程中，被蒸发的水分和气体带走的热量，由于光合生物产氢体系中不存在外界空气的流入，所有的蒸发逸出过程均发生在独立系统中，可以忽略；$Q_{辐射}$ 为热量变化的最主要的组成部分，光合产氢过程中的入射光的辐射热一部分被光合细菌吸收利用进行生长代谢，一部分耗散在外界环境中，另一部分被光生化反应器罐体及反应液吸收，形成热量累积。辐射热还包括光生化反应器内部的部分热能向外界环境辐射的热量。不同的产氢时段，反应器内部的热量随时间发生变化，因此，必须采取措施加以控制，使整个过程维持在稳定的温度范围内。对生物质多相流光合产氢体系内部温度变化影响因素进行分析，发现反应过程的热稳定性受到多相流各相的热物理化学性质、流体流态及其组分、光源分布及光照强度、反应器结构等因素的影响。利用温度传感器对不同时段反应器内的温度变化进行测量，通过改变工艺参数、优化反应器设计等手段进行调控，是实现高效产氢的关键。

1.7 数值模拟方法的研究现状

利用光生化反应器进行光合产氢是一个复杂的物理生物化学反应，各反应相对独立，又互相影响。光生化反应器的物理参数、多相流体的流动状态、搅拌系统的设计、反应液的流变特性等都显著影响光合产氢过程。其监测和调控都较复杂，亟须利用新技术简化试验过程，提高计算效率，量化预测结果。数值模拟方法的引入，大大促进了反应器结构及产氢过程的优化。

1.7.1 数值模拟方法的定义

现实生活中的许多物理问题，都可转化为在给定边界条件下求解其控制方程的数学问题，但由于物体几何形状的复杂性及某些特征的非线性，需要在简化假设的基础上，借助计算机求得满足实际要求的数值解，这就是数值模拟方法。风、雨、洪水等气象现象，空气污染、污染物排放等环境问题，供暖、制冷、通风等问题，内燃机或其他系统中的燃烧现象，物体与周边空气水分等的相互作用关系，窑炉、热交换器、光生化反应器内部复杂的多相流相关问题，人体内的血液循环、呼吸作用等，都可以转化为代数问题，利用数学方法进行解释。

数值模拟方法诞生于 1953 年，并迅速在石油、核、热传导等领域得到了广泛应用。较早提出的模型有零维模拟模型、一维模拟模型及零维加一维模拟模型。零维模拟模型是不考虑流体力学的热力学模型，建立在温度和浓度在空间均匀分布的假设基础上，按照热力学原理计算出给定初态的终态。一维模拟模型能够预测各类变量沿轴线方向的变化规律，是建立在各变量在径向方向均匀分布的假设基础上，可以得出简化的流动、传热和燃烧过程。零维加一维模拟模型则是将流场划分为不同的部分，分别用零维模拟模型和一维模拟模型进行分析（数值模拟方法与研究进程）。1954 年其逐渐发展应用于两相流动模拟过程，随着交替隐式解法、强隐式解法、时间隐式解法、嵌套因式分解法等算法的出现，数值模拟方法迅速发展。二维平面、三维立体空间是否随时间发生变化等，都可用数值模拟方法进行分析。

常见的数值模拟方法有计算流体力学（computational fluid dynamics，CFD）和计算传热学，是通过数学建模（偏微分方程）、数值方法（离散和数值算法）及工具软件（求解器、前处理和后处理方法）对流体的流动过程、传热过程进行定性或定量的一种预测手段，研究者可通过计算机建立一个虚拟的流场开展数值模拟实验。CFD 利用数值方法，通过对流场的相应控制方程进行求解，分析流场的流动、传热传质、化学反应过程及相应的现象。对新设计进行全方位把握，寻找可继续优化的参数，发现设计中存在的问题，并对再设计提供指导。

1.7.2 数值模拟方法的特点

数值模拟方法能够深入分析流场的流动状态、温度分布等问题。与传统的试验方法相比，数值模拟方法在应用于实际工程方面有以下优势：①利用数值模拟方法可以有效缩短研究开发的周期；②试验次数减少，投入科研成本降低；③计算机对所建模型的分析结果更精确，可有效避免试验操作过程中的误差，能更科学地指导实际操作；④可通过调整参数及边界条件设定，迅速变更设计方案，增加调控手段；⑤能够精准地预测结果。

但是利用数值模拟方法得出的结果并不是完全精确的，主要是缘于以下几个方面：①输入的数据经过假设简化，是不精确的；②选用的数学模型可能并不完全适合实际问题；③可用的处理系统可能会限制结果的精确度。利用数值模拟方法对层流流动、一维流动、无化学反应的流场的分析结果更为准确。

1.7.3 数值模拟方法在光生化反应器研发及其传热领域的应用

光生化反应器是秸秆类生物质能源转化过程中的重要设备，高性能、高产率的反应器的研发及合理熟练操作都会提升能源转化效率。由于生物质光合产氢多相流本身物理化学性质的多变和复杂的生化反应的存在，以及搅拌、传热等参数的影响，要实现对光生化反应器各性能参数的准确把握，困难重重。

CFD能够从数学方法出发，解释流体流动、传热以及相应的物理和生化反应过程，在一定的假设和边界条件设定的基础上，建立数学模型，对实际问题进行分析，是指导光生化反应器研发的重要工具。Fleming（2002）曾利用CFD预测封闭式厌氧消化池的产甲烷特性，提出一个将搅拌和热传导参数融于生化反应过程的求解过程，为CFD在其他反应器中的发展应用提供了基础参考。

之后针对各种不同形态的光生化反应器的研究开始涌现。Wu（2013）集中探讨了CFD在光生化反应器的设计及优化领域的应用，对多种不同形态的生物质产氢及制沼气过程中所用的光生化反应器进行了考察，如生物产氢和制甲烷过程中用到的厌氧消化池、推流式消化器、全混式消化器、厌氧生物制氢发酵罐、厌氧生物膜反应器等。Karter等（2005）在对热边界进行设定的基础上，对密闭厌氧发酵池内的非定常层流流动的发酵液的热量传递进行了计算。Wu等（2011）建立了集物理和生化反应模型于一体的厌氧消化池。Gebremedhin等（2005）建立了一个推流式生化反应器的综合传热模型，包括太阳能、流入和流出生化反应器的热量、生化反应器与外界和热交换器的传热行为等，对生化反应器操作过程中的能量需求进行了预测。Wu（2009）利用ANSYS-Fluent软件对推流式生化反应器产甲烷过程中的一级化学反应过程进行了求解，用自定义技术计算了基于一阶反应动力学的物质输运方程的反应速率，但是没有考虑厌氧消化过程中的生化反应。Wu等（2006）建立了一个三维传热模型来分析寒冷季节生化反应器与外界环境之间的热量损失，并考察了不同形态结构的生化反应器对热量散失的影响。Karim等（2005）对不同的搅拌方式和底物浓度进行了分析，得出了二者之间的相互关系。Fuentes等（2009）提出了采用一维动态模型来计算厌氧产氢过程中固液气三相间的动量和质量平衡方程。

CFD 能定量分析物理特性与生物特征之间的关系，并实现参数控制，优化反应环境，是降低生物质能源转化成本、提高反应效率、加速产业发展的有力工具。虽然 CFD 在很多工程领域得到广泛应用，但其在生物质能源转化过程中的应用仍不成熟，需要进一步研究湍流模型、多相流模型、多孔介质模型与实际问题的结合，充分考虑反应过程中的传热传质情况。

1.8 生物质多相流光合产氢过程调控的意义

光合产氢具有无污染、能耗低、操作简单、可分解有机废弃物等优点，对环境保护和能源的可持续发展具有重要意义。但光合产氢仍存在产氢速率较低、生化反应器产氢效率不高、离工业化生产和运用存在较大距离等问题，因此，寻找高效廉价的产氢原料和产氢工艺至关重要。利用秸秆类生物质原料进行光合产氢，其关键步骤主要有纤维素类物质的原料预处理、酶解或水解糖化及糖化反应液的发酵产氢。木质纤维素结构复杂，会阻碍酶水解过程，因此必须采用有效的预处理技术来破坏木质素等物质的包裹作用，降低结晶度，增加比表面积，促进酶促反应及生物质产氢反应的发生。利用球磨预处理方法对秸秆类生物质进行产氢反应前的预处理，能有效提高酶解糖化效率，进而提高产氢量。

但是利用生物质粉体酶解液进行光合产氢的过程中存在着大量的多相流热物理问题，不仅包括光能传输过程中的光热转化、光生化反应器与外界的热量传导，还存在着光合细菌生长和产物生成过程中的代谢热及系统生化反应过程中的反应热等。生物质多相流光合产氢体系的温度场分布和热效应问题，也是影响光合产氢过程中的重要因素，研究生物产氢过程中的生化反应和热物性成为目前生物产氢研究领域的热点问题。

以生物质粉为原料进行光合产氢，是集废弃物资源化利用和能源产出为一体的绿色环保的新技术。光合产氢过程是放热过程，对生物质粉多相流产氢过程中的热物性、传热过程及产氢机理等进行研究是实现高效产氢的关键。不同形态的产氢反应器流动状态对热量分布也有影响，生物质多相流的流动特性、光能及热能的传递、传质等特性都直接影响其光合产氢过程。在生物质粉体产氢的过程中，固液比较大时，有利于微生物的传质和传热过程的进行，但是反应料液本身的动力黏度、浊度及均匀性等因素又会限制传光及传质过程。由于光合产氢需要在稳定的温度范围内进行，温度波动大或温度过高，都会抑制光合细菌的活性，降低产氢效率。

因此，对生物质多相流光合产氢过程进行工艺参数的优化、反应器形态及操作方式的调控，并从热量控制的角度出发，分析生物质多相流内部的热量传递规律，并以此为依据，改进反应器形态，完善操作手段，调控温度分布，将为光合产氢微生物的生长及代谢提供稳定适宜的外部环境，增加光合细菌酶活性，促进其代谢产氢，最大限度地提高累积产氢量。同时，适用于光合产氢过程的光生化反应器的研制，也为高效产氢提供了技术支撑。生物质多相流热物性的测定、光合产氢料液产氢能力和温度分布之间相关关系的分析及相应传热模型的构建，实现了数值计算方式对光合产氢过程中温度分布及产氢能力的预测。CFD分析软件等手段的引入也使得生物质多相流光合产氢过程生化反应器内部的热流场分布变得直观生动，通过改变边界条件和进出口参数，可模拟各因素对产氢体系的影响情况，并可基于此，提出行之有效的生物质多相流光合产氢体系的调控机理，使光合产氢过程得到优化。

通过实验研究和数值模拟等方法，对生物质多相流光合产氢过程工艺参数和操作手段进行优化，将对生物产氢效率的提高、农业废弃物资源的最大化利用及生态环境的保护起到重要的推动作用，这对实现生物质产氢的低成本、规模化生产具有非常重要的意义。

参 考 文 献

曹明福，2011．平板式膜生物反应器净化有机废气的传输降解特性[D]．重庆：重庆大学．

车得福，李会雄，2007．多相流及其应用[M]．西安：西安交通大学出版社．

陈学俊，1991．多相流研究的进展[J]．自然科学进展——国家重点实验室通讯，1（2）：6．

陈智杰，姜泽毅，张欣欣，2013．开放式光生物反应器内光传输数学模型研究[J]．热带海洋学报，32（6）：36-41．

陈智杰，姜泽毅，张欣欣，等，2012．微藻培养光生物反应器内传递现象的研究进展[J]．化工进展，31（7）：1407-1413．

储炬，李友荣，2010．现代工业发酵调控学[M]．北京：化学工业出版社．

郭烈锦，2002．两相与多相流动力学[M]．西安：西安交通大学出版社．

胡江，2009．活性污泥生化反应微量热法研究[D]．重庆：重庆大学．

胡志华，2003．垂直上升管内多相流横掠流动与传热特性的研究[D]．西安：西安交通大学．

蒋剑春，2007．生物质能源转化技术与应用[J]．生物质化学工程，41（3）：59-65．

荆艳艳，2011．超微秸秆光合生物制氢体系多相流数值模拟与流变特性试验研究[D]．郑州：河南农业大学．

李强，张名佳，苏荣欣，等，2010．重吸附法回收利用纤维素酶的工艺优化[J]．化学工程，38（2）：62-65．

李小冬，吴嘉，贾东晨，等，2011．固定化酶的研究方法概述[J]．中国酿造，236（11）：5-9．

刘传平，李传，李永亮，等，2014．气固两相流强化传热研究进展[J]．化工学报，65（7）：2485-2494．

刘大猛，2010．含生化反应的固定化细胞光生物制氢反应器内的多相传输模型[D]．重庆：重庆大学.
刘劲松，曾宪诚，邓郁，1993．化学反应的热动力学研究进展[J]．化学通报，(4)：21-25.
刘培旺，袁月祥，闫志英，等，2009．秸秆的不同预处理方法对发酵制氢的影响[J]．应用与环境生物学报，15 (1)：125-129.
楼宏铭，李秀丽，王梦霞，等，2013．pH 值对纤维素酶在麦草碱木质素上吸附的影响[J]．华南理工大学学报（自然科学版），41 (12)：1-5.
任南琪，李永峰，郑国香，等，2004．生物制氢：理论研究进展[J]．地球科学进展，19 (Z)：537-541.
单麟婷，2010．双流道污水泵流动分析与设计方法的研究[D]．兰州：兰州理工大学.
宋亚婵，李涛，任保增，等，2008．玉米秸秆厌氧发酵生物制氢流变学性质的研究[J]．河北化工，31 (2)：32-34.
汤桂兰，孙振钧，2007．生物制氢技术的研究现状与发展[J]．生物技术，17 (1)：93-97.
唐家鹏，2016．ANSYS FLUENT 16.0 超级学习手册[M]．北京：人民邮电出版社.
陶文铨，2001．数值传热学[M]．西安：西安交通大学出版社.
王素兰，2007．光合制氢菌群生长动力学与系统温度场特性研究[D]．郑州：河南农业大学.
王长海，董言梓，1998．光生物反应器及其研究进展[J]．海洋通报，17 (6)：79-86.
徐舒，2004．20L 热管生物反应器的温度场研究[D]．南京：南京工业大学.
岳建芝，2011．超微化秸秆粉体物性微观结构及光合生物制氢实验研究[D]．郑州：河南农业大学.
岳建芝，张全国，李刚，等，2011．机械粉碎对高粱秆微观结构及酶解效果的影响[J]．太阳能学报，2：262-267.
张全国，尤希凤，张军合，2006．生物制氢技术研究现状及其进展[J]．生物质化学工程，40 (1)：27-31.
张志萍，2012．秸秆类生物质超微预处理技术及其制氢可行性研究[D]．郑州：河南农业大学.
张志萍，岳建芝，王毅，等，2012．制氢用生物质球磨预处理工艺的优化试验[J]．生物质化学工程，1：19-22.
赵志刚，程可可，张建安，等，2006．木质纤维素可再生生物质资源预处理技术的研究进展[J]．现代化工，26 (Z2)：39-42，44.
周江敏，陈华林，2000．酶法水解杂细胞最适条件及酶回收利用[J]．四川农业大学学报，18 (4)：356-358.
朱跃钊，卢定强，万红贵，等，2004．木质纤维素预处理技术研究进展[J]．生物加工过程，2 (4)：11-16.

ABO-HASHESH M, GHOSH D, TOURIGNY A, et al, 2011. Single stage photofermentative hydrogen production from glucose: an attractive alternative to two stage photofermentation or co-culture approaches[J]. International Journal of Hydrogen Energy, 36(21): 13889-13895.

AGUILERA J M, RICARDO S, JORGE W C, et al, 2011. Food engineering interface[M]. New Bruswick: Rutgers University.

AKKERMAN I, JANSSEN M, ROCHA J, et al, 2002. Photobiological hydrogen production: photochemical efficiency and bioreactor design[J]. International Journal of Hydrogen Energy, 27(11): 1195-1208.

ALKASRAWI M, ERIKSSON T, BÖRJESSON J, et al, 2003. The effect of Tween-20 on simultaneous saccharification and fermentation of softwood to ethanol[J]. Enzyme and Microbial Technology, 33(1): 71-78.

ALVIRA P, TOMÁS-PEJÓ E, BALLESTEROS M, et al, 2010. Pretreatment technologies for an efficient bioethanol production process based on enzymatic hydrolysis: a review[J]. Bioresource Technology, 101(13): 4851-4861.

BAJPAI P K, 2010. Solving the problems of recycled fiber processing with enzymes[J]. BioResources, 5(2): 1311-1325.

BALS B, WEDDING C, BALAN V, et al, 2011. Evaluating the impact of ammonia fiber expansion (AFEX)pretreatment conditions on the cost of ethanol production[J]. Bioresource Technology, 102(2): 1277-1283.

BANERJEE S, SEN R, PANDEY R A, et al, 2009. Evaluation of wet air oxidation as a pretreatment strategy for bioethanol production from rice husk and process optimization[J]. Biomass and Bioenergy, 33(12): 1680-1686.

BARBOSA M J, ROCHA J M S, TRAMPER J, et al, 2001. Acetate as a carbon source for hydrogen production by photosynthetic bacteria[J]. Journal of Biotechnology, 85(1): 25-33.

BERLIN A, GILKES N, KURABI A, et al, 2005. Weak lignin binding enzymes[C]. Twenty-Sixth Symposium on Biotechnology for Fuels and Chemicals, Humana Press: 163-170.

BOLING E A, BLANCHARD G C, RUSSELL W J, 1973. Bacterial identification by microcalorimetry[J]. Nature, 241: 472-473.

BORAN E, ÖZGÜR E, van der BURG J, et al, 2010. Biological hydrogen production by *Rhodobacter capsulatus* in solar tubular photo bioreactor[J]. Journal of Cleaner Production, 18: S29-S35.

BOTHE H, TENNIGKEIT J, EISBRENNER G, et al, 1977. The hydrogenase-nitrogenase relationship in the blue-green alga *Anabaena cylindrical*[J]. Planta, 133(3): 237-242.

BRUNEL J, PRESCOTT G W, TIFFANY L H. 1951, The culturing of algae[J]. Soil Science, 72(5): 404.

BURLEW J S, 1953. Algal culture[J]. From Laboratory to Pilot Plant, Carnegie Inst. Washington Publ, 600(1): 235-273.

CHANDRA R P, BURA R, MABEE W E, et al, 2007. Substrate pretreatment: the key to effective enzymatic hydrolysis of lignocellulosics?[M]. Berlin Heidelberg: Biofuels. Springer: 67-93.

CHANG K L, THITIKORN-AMORN J, HSIEH J F, et al, 2011. Enhanced enzymatic conversion with freeze pretreatment of rice straw [J]. Biomass and Bioenergy, 35(1): 90-95.

CHANG L X, DAY U S, ZHAU H S, et al, 1989. A thermokinetic study of bacterial metabolism[J]. Thermochimica Acta, 142(2): 211-217.

CHEN C Y, LEE C M, CHANG J S, 2006. Hydrogen production by indigenous photosynthetic bacterium *Rhodopseudomonas palustris* WP3-5 using optical fiber-illuminating photobioreactors[J]. Biochemical Engineering Journal, 32(1): 33-42.

CHEN C Y, LIU C H, LO Y C, et al, 2011. Perspectives on cultivation strategies and photobioreactor designs for photo-fermentative hydrogen production[J]. Bioresource Technology, 102(18): 8484-8492.

CHEN C Y, SARATALE G D, LEE C M, et al, 2008. Phototrophic hydrogen production in photobioreactors coupled with solar-energy-excited optical fibers[J]. International Journal of Hydrogen Energy, 33(23): 6886-6895.

CHEN C Y, YANG M H, YEH K L, et al, 2008. Biohydrogen production using sequential two-stage dark and photo fermentation processes[J]. International Journal of Hydrogen Energy, 33(18): 4755-4762.

CHEN L X, 2001. On scale production of hydrogen[C]. Proceedings of the Third National Hydrogen Academic Conference, 4: 4-33.

CHENG J, SU H, ZHOU J, et al, 2011. Microwave-assisted alkali pretreatment of rice straw to promote enzymatic hydrolysis and hydrogen production in dark- and photo-fermentation[J]. International Journal of Hydrogen Energy, 36(3): 2093-2101.

CHIARAMONTI D, PRUSSI M, FERRERO S, et al, 2012. Review of pretreatment processes for lignocellulosic ethanol production, and development of an innovative method[J]. Biomass and

Bioenergy, 46: 25-35.

DAS D, VEZIROĞLU T N, 2001. Hydrogen production by biological processes: a survey of literature[J]. International Journal of Hydrogen Energy, 26(1): 13-28.

DAS D, VEZIROGLU T N, 2008. Advances in biological hydrogen production processes[J]. International Journal of Hydrogen Energy, 33(21): 6046-6057.

DASGUPTA C N, GILBERT J J, LINDBLAD P, et al, 2010. Recent trends on the development of photobiological processes and photobioreactors for the improvement of hydrogen production [J]. International Journal of Hydrogen Energy, 35(19): 10218-10238.

DESHPANDE M V, ERIKSSON K E, 1984. Reutilization of enzymes for saccharification of lignocellulosic materials[J]. Enzyme and Microbial Technology, 6(8): 338-340.

ECKERT E R G, DRAKE Jr R M, 1987. Analysis of heat and mass transfer [M]. New York: Hemisphere Publishing.

ERIKSSON T, BÖRJESSON J, TJERNELD F, 2002. Mechanism of surfactant effect in enzymatic hydrolysis of lignocellulose[J]. Enzyme and Microbial Technology, 31(3): 353-364.

EROGLU E, MELIS A, 2011. Photobiological hydrogen production: recent advances and state of the art[J]. BioresourceTechnology, 102(18): 8403-8413.

EROGLU I, ASLAN K, GÜNDÜZ U, et al, 1999. Substrate consumption rates for hydrogen production by *Rhodobacter sphaeroides* in a column photobioreactor[J]. Journal of Biotechnology, 70(1): 103-113.

FAN L T, LEE Y H, BEARDMORE D H, 1980. Mechanism of the enzymatic hydrolysis of cellulose: effects of major structural features of cellulose on enzymatic hydrolysis[J]. Biotechnology and Bioengineering, 22(1): 177-199.

FAND R M, 1965. Heat transfer by forced convection from a cylinder to water in crossflow[J]. International Journal of Heat and Mass Transfer, 8(7): 995-1010.

FLEMING J G, 2002. Novel simulation of anaerobic digestion using computational fluid dynamics [D]. Raleigh North Carolina State University.

FU D, MAZZA G, 2011. Aqueous ionic liquid pretreatment of straw[J]. Bioresource Technology, 102(13): 7008-7011.

FUENTES M, MUSSATI M C, SCENNA N J, et al, 2009. Global modeling and simulation of a three-phase fluidized bed bioreactor[J]. Computers & Chemical Engineering, 33(1): 359-370.

GAFFRON H, 1940. Carbon dioxide reduction with molecular hydrogen in green algae[J]. American

Journal of Botany: 273-283.

GALBE M, ZACCHI G, 2007. Pretreatment of lignocellulosic materials for efficient bioethanol production[M]. Berlin Heidelberg: Biofuels, Springer: 41-65.

GALBE M, ZACCHI G, 2012. Pretreatment: the key to efficient utilization of lignocellulosic materials[J]. Biomass and Bioenergy, 46: 70-78.

GAN J, YUAN W, JOHNSON L, et al, 2012. Hydrothermal conversion of big bluestem for bio-oil production: the effect of ecotype and planting location[J]. Bioresource Technology, 116: 413-420.

GARROTE G, DOMÍNGUEZ H, PARAJO J C, 2001. Kinetic modelling of corncob autohydrolysis [J]. Process Biochemistry, 36(6): 571-578.

GEBREMEDHIN K G, WU B, GOOCH C, et al, 2005. Heat transfer model for plug-flow anaerobic digesters[J]. Transactions of the ASAE, 48(2): 777-785.

GEIGER G, BRANDL H, FURRER G, et al, 1998. The effect of copper on the activity of cellulase and β-glucosidase in the presence of montmorillonite or Al-montmorillonite[J]. Soil Biology and Biochemistry, 30(12): 1537-1544.

GRETHLEIN H E, 1985. The effect of pore size distribution on the rate of enzymatic hydrolysis of cellulosic substrates[J]. Nature Biotechnology, 3(2): 155-160.

GURAGAIN Y N, WILSON J, STAGGENBORG S, et al, 2013. Evaluation of pelleting as a pre-processing step for effective biomass deconstruction and fermentation[J]. Biochemical Engineering Journal, 77: 198-207.

HALLENBECK P C, 2001. Integration of hydrogen evolving systems with cellular metabolism: the molecular biology and biochemistry of electron transport factors and associated reductases[J]. Biohydrogen II, 171-184.

HALLENBECK P C, ABO-HASHESH M, GHOSH D, 2012. Strategies for improving biological hydrogen production[J]. Bioresource Technology, 110: 1-9.

HALLENBECK P C, BENEMANN J R, 2002. Biological hydrogen production: fundamentals and limiting processes[J]. International Journal of Hydrogen Energy, 27(11): 1185-1193.

HARUN M Y, RADIAH A B D, ABIDIN Z Z, et al, 2011. Effect of physical pretreatment on dilute acid hydrolysis of water hyacinth(*Eichhornia crassipes*)[J]. Bioresource Technology, 102(8): 5193-5199.

HE D, BULTEL Y, MAGNIN J P, et al, 2006. Kinetic analysis of photosynthetic growth and photohydrogen production of two strains of *Rhodobacter capsulatus*[J]. Enzyme and Microbial

Technology, 38(1): 253-259.

HENDRIKS A, ZEEMAN G, 2009. Pretreatments to enhance the digestibility of lignocellulosic biomass[J]. Bioresource Technology, 100(1): 10-18.

HIDENO A, INOUE H, TSUKAHARA K, et al, 2009. Wet disk milling pretreatment without sulfuric acid for enzymatic hydrolysis of rice straw[J]. Bioresource Technology, 100(10): 2706-2711.

HILLMER P, GEST H, 1977. H_2 metabolism in the photosynthetic bacterium *Rhodopseudomonas capsulata*: H_2 production by growing cultures [J]. Journal of Bacteriology, 129(2): 724-731.

HIMMEL M E, 2009. Biomass recalcitrance: deconstructing the plant cell wall for bioenergy[M]. Blackwell: Wiley.

HSU T C, GUO G L, CHEN W H, et al, 2010. Effect of dilute acid pretreatment of rice straw on structural properties and enzymatic hydrolysis[J]. Bioresource Technology, 101(13): 4907-4913.

HU Q, RICHMOND A, 1996. Productivity and photosynthetic efficiency of *Spirulina platensis* as affected by light intensity, algal density and rate of mixing in a flat plate photobioreactor [J]. Journal of Applied Phycology, 8:139-145.

HUBER G W, 2008. Breaking the chemical and engineering barriers to lignocellulosic biofuels: next generation hydrocarbon biorefineries[M]. Washington D C: National Science Foundation, Chemical, Biogengineering, Environmental and Transport Systems Division.

JANSSEN M, 2002. Cultivation of microalgae: effect of light-dark cycles on biomass yield[D]. Thesis, Wageningen University, Wageningen, the Netherlands.

KABEL M A, BOS G, ZEEVALKING J, et al, 2007. Effect of pretreatment severity on xylan solubility and enzymatic breakdown of the remaining cellulose from wheat straw[J]. Bioresource Technology, 98(10): 2034-2042.

KANTARCI N, ULGEN K O, BORAK F, 2005. A study on hydrodynamics and heat transfer in a bubble column reactor with yeast and bacterial cell suspensions[J]. The Canadian Journal of Chemical Engineering, 83(4): 764-773.

KARIM K, HOFFMANN R, KLASSON T, et al, 2005. Anaerobic digestion of animal waste: waste strength versus impact of mixing[J]. Bioresource Technology, 96(16): 1771-1781.

KARTERIS A, PAPADOPOULOS A, BALAFOUTAS G, 2005. Modeling the temperature pattern of a covered anaerobic pond with computational fluid dynamics[J]. Water, Air and Soil Pollution, 162(1-4): 107-125.

KATAOKA N, MIYA A, KIRIYAMA K, 1997. Studies on hydrogen production by continuous culture system of hydrogen-producing anaerobic bacteria[J]. Water Science and Technology, 36(6): 41-47.

KATZEN R, FOWLER D E, 1994. Ethanol from lignocellulosic wastes with utilization of recombinant bacteria[J]. Applied Biochemistry and Biotechnology, 45(1): 697-707.

KIM E J, KIM J S, KIM M S, et al, 2006. Effect of changes in the level of light harvesting complexes of *Rhodobacter sphaeroides* on the photoheterotrophic production of hydrogen[J]. International Journal of Hydrogen Energy, 31(4): 531-538.

KIM S, HOLTZAPPLE M T, 2006. Effect of structural features on enzyme digestibility of corn stover[J]. Bioresource Technology, 97(4): 583-591.

KNUTSEN J S, DAVIS R H, 2004. Cellulase retention and sugar removal by membrane ultrafiltration during lignocellulosic biomass hydrolysis[C]. Proceedings of the Twenty-Fifth Symposium on Biotechnology for Fuels and Chemicals Held May 4-7, 2003, in Breckenridge, CO. Humana Press: 585-599.

KOKU H, EROĞLU I, GÜNDÜZ U, et al, 2002. Aspects of the metabolism of hydrogen production by *Rhodobacter sphaeroides*[J]. International Journal of Hydrogen Energy, 27(11): 1315-1329.

KOKU H, EROĞLU İ, GÜNDÜZ U, et al, 2003. Kinetics of biological hydrogen production by the photosynthetic bacterium *Rhodobacter sphaeroides* OU 001[J]. International Journal of Hydrogen Energy, 28(4): 381-388.

KONDO T, ARAKAWA M, WAKAYAMA T, et al, 2002. Hydrogen production by combining two types of photosynthetic bacteria with different characteristics[J]. International Journal of Hydrogen Energy, 27(11): 1303-1308.

KOO B W, KIM H Y, PARK N, et al, 2011. Organosolv pretreatment of *Liriodendron tulipifera* and simultaneous saccharification and fermentation for bioethanol production[J]. Biomass and Bioenergy, 35(5): 1833-1840.

KOOTSTRA A M J, MOSIER N S, SCOTT E L, et al, 2009. Differential effects of mineral and organic acids on the kinetics of arabinose degradation under lignocellulose pretreatment conditions[J]. Biochemical Engineering Journal, 43(1): 92-97.

KUMAR A, JAIN S R, SHARMA C B, et al, 1995. Increased H_2 production by immobilized microorganisms[J]. World Journal of Microbiology and Biotechnology, 11(2): 156-159.

KUMAR K, SIRASALE A, DAS D, 2013. Use of image analysis tool for the development of light distribution pattern inside the photobioreactor for the algal cultivation[J]. Bioresource Technology, 143: 88-95.

KUMAR P, BARRETT D M, DELWICHE M J, et al, 2009. Methods for pretreatment of lignocellulosic biomass for efficient hydrolysis and biofuel production[J]. Industrial & Engineering Chemistry Research, 48(8): 3713-3729.

KUMAR R, SINGH S, SINGH O V, 2008. Bioconversion of lignocellulosic biomass: biochemical and molecular perspectives[J]. Journal of Industrial Microbiology & Biotechnology, 35(5): 377-391.

LASER M, SCHULMAN D, ALLEN S G, et al, 2002. A comparison of liquid hot water and steam pretreatments of sugar cane bagasse for bioconversion to ethanol[J]. Bioresource Technology, 81(1): 33-44.

LAURINAVICHENE T V, FEDOROV A S, GHIRARDI M L, et al, 2006. Demonstration of sustained hydrogen photoproduction by immobilized, sulfur-deprived *Chlamydomonas reinhardtii* cells[J]. International Journal of Hydrogen Energy, 31(5): 659-667.

LEE D, YU A H C, SADDLER J N, 1995. Evaluation of cellulase recycling strategies for the hydrolysis of lignocellulosic substrates[J]. Biotechnology and Bioengineering, 45(4): 328-336.

LEE K S, LO Y C, LIN P J, et al, 2006. Improving biohydrogen production in a carrier-induced granular sludge bed by altering physical configuration and agitation pattern of the bioreactor[J]. International Journal of Hydrogen Energy, 31(12): 1648-1657.

LEVIN D B, AZBAR N, 2012. Introduction: biohydrogen in perspective[A]. State of the Art and Progress in Production of Biohydrogen, Bentham Science Publishers, chapter 1.

LEVIN D B, PITT L, LOVE M, 2004. Biohydrogen production: prospects and limitations to practical application[J]. International Journal of Hydrogen Energy, 29(2): 173-185.

LI C, KNIERIM B, MANISSERI C, et al, 2010. Comparison of dilute acid and ionic liquid pretreatment of switchgrass: biomass recalcitrance, delignification and enzymatic saccharification[J]. Bioresource technology, 101(13): 4900-4906.

LI H, PRAKASH A, 2001. Survey of heat transfer mechanisms in a slurry bubble column[J]. The Canadian Journal of Chemical Engineering, 79(5): 717-725.

LI H, PRAKASH A, 2002. Analysis of flow patterns in bubble and slurry bubble columns based on local heat transfer measurements[J]. Chemical Engineering Journal, 86(3): 269-276.

LI M, WANG H X, 2012. The analysis of comprehensive utilization measures of agricultural waste[J]. China Population Resources and Environment, 22(5): 37-39.

LIN T J, WANG S P, 2001. Effects of macroscopic hydrodynamics on heat transfer in bubble columns[J]. Chemical Engineering Science, 56(3): 1143-1149.

LU Y, YANG B, GREGG D, et al, 2002. Cellulase adsorption and an evaluation of enzyme recycle during hydrolysis of steam-exploded softwood residues[J]. Applied Biochemistry and Biotechnology, 98(1-9): 641-654.

LUNDQVIST J, JACOBS A, PALM M, et al, 2003. Characterization of galactoglucomannan extracted from spruce (*Picea abies*) by heat-fractionation at different conditions[J]. Carbohydrate Polymers, 51(2): 203-211.

LYND L R, WYMAN C E, GERNGROSS T U, 1999. Biocommodity engineering[J]. Biotechnology Progress, 15(5): 777-793.

MASKOW T, BABEL W, 2001. Calorimetrically obtained information about the efficiency of ectoine synthesis from glucose in *Halomonas elongate*[J]. Biochimica et Biophysica Acta(BBA)-General Subjects, 1527(1): 4-10.

MASSET J, HILIGSMANN S, HAMILTON C, et al, 2010. Effect of pH on glucose and starch fermentation in batch and sequenced-batch mode with a recently isolated strain of hydrogen-producing Clostridium butyricum CWBI1009[J]. International Journal of Hydrogen Energy, 35(8): 3371-3378.

MCINTOSH S, VANCOV T, 2010. Enhanced enzyme saccharification of Sorghum bicolor straw using dilute alkali pretreatment[J]. Bioresource Technology, 101(17): 6718-6727.

MELIS A, 2009. Solar energy conversion efficiencies in photosynthesis: minimizing the chlorophyll antennae to maximize efficiency[J]. Plant Science, 177(4): 272-280.

MELIS A, NEIDHARDT J, BENEMANN J R, 1998. *Dunaliella salina*(Chlorophyta)with small chlorophyll antenna sizes exhibit higher photosynthetic productivities and photon use efficiencies than normally pigmented cells[J]. Journal of Applied Phycology, 10(6): 515-525.

MIAO Z, GRIFT T E, HANSEN A C, et al, 2011. Energy requirement for comminution of biomass in relation to particle physical properties[J]. Industrial Crops and Products, 33(2): 504-513.

MITUYA A, NYUNOYA T, TAMIYA H, 1953. Pre-pilot-plant experiments on algal mass culture[M]. //Burlew J S. Algal Culture: from Laboratory to Pilot Plant. Washington DC: Camegie Inst of Washington.

MIYAKE J, MIYAKE M, ASADA Y, 1999. Biotechnological hydrogen production: research for efficient light energy conversion[J]. Journal of Biotechnology, 70(1): 89-101.

MIZUNO O, DINSDALE R, HAWKES F R, et al, 2000. Enhancement of hydrogen production from glucose by nitrogen gas sparging[J]. Bioresource Technology, 73(1): 59-65.

MOHAN S V, BABU V L, SARMA P N, 2007. Anaerobic biohydrogen production from dairy wastewater treatment in sequencing batch reactor(AnSBR): effect of organic loading rate[J]. Enzyme and Microbial Technology, 41(4): 506-515.

MOMIRLAN M, VEZIROGLU T N, 2002. Current status of hydrogen energy[J]. Renewable and Sustainable Energy Reviews, 6(1): 141-179.

MORES W D, KNUTSEN J S, DAVIS R H, 2001. Cellulase recovery via membrane filtration[M]. Twenty-Second Symposium on Biotechnology for Fuels and Chemicals, Totowa: Humana Press.

MOSIER N, HENDRICKSON R, HO N, et al, 2005. Optimization of pH controlled liquid hot water pretreatment of corn stover[J]. Bioresource Technology, 96(18): 1986-1993.

MOSIER N, WYMAN C, DALE B, et al, 2005. Features of promising technologies for pretreatment of lingo-cellulosic biomass[J]. Bioresource Technology, 96(6): 673-686.

NAKADA E, ASADA Y, ARAI T, et al, 1995. Light penetration into cell suspensions of photosynthetic bacteria and relation to hydrogen production[J]. Journal of Fermentation and Bioengineering, 80(1): 53-57.

NANDI R, SENGUPTA S, 1998. Microbial production of hydrogen: an overview[J]. Critical Reviews in Microbiology, 24(1): 61-84.

NATH K, DAS D, 2004. Improvement of fermentative hydrogen production: various approaches[J]. Applied Microbiology and Biotechnology, 65(5): 520-529.

OGBONNA J C, SOEJIMA T, TANAKA H, 1999. An integrated solar and artificial light system for internal illumination of photobioreactors[J]. Progress in Industrial Microbiology, 35: 289-297.

OGBONNA J C, YADA H, MASUI H, et al, 1996. A novel internally illuminated stirred tank photobioreactor for large-scale cultivation of photosynthetic cells[J]. Journal of Fermentation and Bioengineering, 82(1): 61-67.

ÖHGREN K, BURA R, SADDLER J, et al, 2007. Effect of hemicellulose and lignin removal on enzymatic hydrolysis of steam pretreated corn stover[J]. Bioresource Technology, 98(13): 2503-2510.

OOSHIMA H, BURNS D S, CONVERSE A O, 1990. Adsorption of cellulase from *Trichoderma reesei* on cellulose and lignacious residue in wood pretreated by dilute sulfuric acid with explosive decompression[J]. Biotechnology and Bioengeering, 36(5): 446-452.

PATEL S J, ONKARAPPA R, SHOBHA K S, 2007. Comparative study of ethanol production from microbial pretreated agricultural residues[J]. Journal of Applied Sciences and Environmentl Management, 11(4): 137-141.

PAUSS A, ANDRE G, PERRIER M, et al, 1990. Liquid-to-gas mass transfer in anaerobic processes: inevitable transfer limitations of methane and hydrogen in the biomethanation process[J]. Applied and Environmental Microbiology, 56(6): 1636-1644.

PEDERSEN M, MEYER A S, 2009. Influence of substrate particle size and wet oxidation on physical surface structures and enzymatic hydrolysis of wheat straw[J]. Biotechnology Progress, 25(2): 399-408.

PEREZ J A, BALLESTEROS I, BALLESTEROS M, et al, 2008. Optimization liquid hot water pretreatment conditions to enhance sugar recovery from wheat straw for fuel–ethanol production[J]. Fuel, 87: 3640-3647.

PERLACK R D, STOKE B J, 2011. US billion-ton update: biomass supply for a bioenergy and bioproducts industry[R]. MPRA Paper.

PHILLIPS J N, MYERS J, 1954. Growth rate of chlorella in flashing light[J]. Plant Physiology, 29(2): 152.

PIRT S J, LEE Y K, WALACH M R, et al, 1983. A tubular bioreactor for photosynthetic production of biomass from carbon dioxide: design and performance[J]. Journal of Chemical Technology and Biotechnology. Biotechnology, 33(1): 35-58.

PURI V P, 1984. Effect of crystallinity and degree of polymerization of cellulose on enzymatic saccharification[J]. Biotechnology and Bioengineering, 26(10): 1219-1222.

RAMOS L P, BREUIL C, SADDLER J N, 1993. The use of enzyme recycling and the influence of sugar accumulation on cellulose hydrolysis by *Trichoderma cellulases*[J]. Enzyme and Microbial Technology, 15(1): 19-25.

REESE E T, MANDELS M, 1980. Stability of the cellulase of Trichoderma reesei under use conditions[J]. Biotechnology and Bioengineering, 22(2): 323-335.

RICHMOND A, 2008. Handbook of microalgal culture: biotechnology and applied phycology[M]. New York: John Wiley and Sons.

RIVERS D B, EMERT G H, 1987. Lignocellulose pretreatment: a comparison of wet and dry ball attrition[J]. Biotechnology Letters, 9(5): 365-368.

SAHA B C, 2003. Hemicellulose bioconversion[J]. Journal of Industrial Microbiology and Biotechnology, 30(5): 279-291.

SANCHEZ O J, CARDONA C A, 2008. Trends in biotechnological production of fuel ethanol from different feedstocks[J]. Bioresource Technology, 99(13): 5270-5295.

SASIKALA K, RAMANA C V, RAO P R, 1991. Environmental regulation for optimal biomass yield and photoproduction of hydrogen by *Rhodobacter sphaeroides* OU 001[J]. International Journal of Hydrogen Energy, 16(9): 597-601.

SCHLEGEL H G, BARNEA J, 1976. Microbial Energy Conversion: The Proceedings of a Seminar Sponsored by the UN Institute for Training and Research(UNITAR) and the Ministry for Research and Technology of the Federal Republic of Germany Held in Göttingen, October 1976[M]. Amsterdam: Elsevier.

SCHUMER D, BREUER U, HARMS H, et al, 2007. Thermokinetic analysis reveals the complex growth and haloadaptation pattern of the non-conventional yeast *Debaryomyces hansenii*[J]. Engineering in Life Sciences, 7(4): 322-330.

SCHURZ J, GHOSE T K, 1978. Bioconversion of cellulosic substances into energy chemicals and microbial protein[M]. Delhi: Indian Institute of Technology.

SHI X Y, YU H Q, 2005. Response surface analysis on the effect of cell concentration and light intensity on hydrogen production by *Rhodopseudomonas capsulate*[J]. Process Biochemistry, 40(7): 2475-2481.

SINEGANI A A S, EMTIAZI G, SHARIATMADARI H, 2001. Rules of soil components on the cellulolytic activity of soil[A]. International Symposium on Sustainable Use and Management of Soils in Arid and Semiarid Regions,(2): 104, 105.

SINEGANI A A S, EMTIAZI G, SHARIATMADARI H, 2005. Sorption and immobilization of cellulase on silicate clay minerals[J]. Journal of Colloid and Interface Science, 290(1): 39-44.

SLNITSYN A P, BUNGAY M L, CLESCERI L S, et al, 1983. Recovery of enzymes from the insoluble residue of hydrolyzed wood[J]. Applied Biochemistry and Biotechnology, 8(1): 25-29.

STEELE B, RAJ S, NGHIEM J, et al, 2005. Enzyme recovery and recycling following hydrolysis of ammonia fiber explosion-treated corn stover[J]. Applied Biochemistry and Biotechnology, 124(1-3): 901-910.

STEVENS P, VERTONGHEN C, VOS P, et al, 1984. The effect of temperature and light intensity on hydrogen gas production by different *Rhodopseudomonas capsulata* strains[J]. Biotechnology Letters, 6(5): 277-282.

SUN R C, 2009. Detoxification and separation of lignocellulosic biomass prior to fermentation for bioethanol production by removal of lignin and hemicelluloses[J]. BioResources, 4(2): 452-455.

TAHERZADEH M J, KARIMI K, 2008. Pretreatment of lignocellulosic wastes to improve ethanol and biogas production: a review[J]. International Journal of Molecular Sciences, 9(9): 1621-1651.

TJERNELD F, 1994. Enzyme-catalyzed hydrolysis and recycling in cellulose bioconversion[J]. Methods in Enzymology, 228: 549-558.

TSYGANKOV A A, HALL D O, LIU J, et al, 1998. An automated helical photobioreactor incorporating cyanobacteria for continuous hydrogen production[A]. Biohydrogen, Springer US: 431-440.

TU M, CHANDRA R P, SADDLER J N, 2007a. Recycling cellulases during the hydrolysis of steam explorded and ethanol pretreated lodgepole pine[J]. Biotechnology Progress, 23(5): 1130-1137.

TU M, CHANDRA R P, SADDLER J N, 2007b. Evaluating the distribution of cellulases and the recycling of free cellulases during the hydrolysis of lignocellulosic substrates[J]. Biotechnology Progress, 23(2): 398-406.

TU M, ZHANG X, PAICE M, et al, 2009. The potential of enzyme recycling during the hydrolysis of a mixed softwood feedstock[J]. Bioresource Technology, 100(24): 6407-6415.

U.S. ENERGY INFORMATION ADMINISTRATION, 2013. International energy outlook [EB/OL]. EIA. https://wenku.baidu.com/view/901d7ff57c1cfad6195fa7fc.html. 2020-1-20.

UENO Y, HARUTA S, ISHII M, et al, 2001. Microbial community in anaerobic hydrogen producing microflora enriched from sludge compost[J]. Applied Microbiology and Biotechnology, 57(4): 555-562.

UYAR B, KARS G, YÜCEL M, et al, 2011. Hydrogen production via photofermentations[M]. State of the Art and Progress in Production of Biohydrogen, Sharjah: Bentham Science Publishers.

VALLANDER L, ERIKSSON K E, 1987. Enzyme recirculation in saccharification of lignocellulosic materials[J]. Enzyme and Microbial Technology, 9(12): 714-720.

VAN DEN TWEEL W J J, HARDER A, BUITELAAR R M, 2013. Stability and stabilization of enzymes: proceedings of an international symposium held in Maastricht, the Netherlands, 22-25 November 1992[M]. Amsterdam: Elsevier.

VERSTEEG H K, MALALASEKERA W, 2010. Introduction to computational fluid dynamics [EB/OL]. World Book Publishing Company.

VIDAL JR B C, DIEN B S, TING K C, et al, 2011. Influence of feedstock particle size on lignocellulose conversion: a review[J]. Applied Biochemistry and Biotechnology, 164(8): 1405-1421.

VIGNAIS P M, MAGNIN J P, WILLISON J C, 2006. Increasing biohydrogen production by metabolic engineering[J]. International Journal of Hydrogen Energy, 31(11): 1478-1483.

VIIKARI L, VEHMAANPERÄ J, KOIVULA A, 2012. Lignocellulosic ethanol: From science to industry[J]. Biomass and Bioenergy, 46: 13-24.

VOUTILAINEN S P, MURRAY P G, TUOHY M G, et al, 2010. Expression of *Talaromyces emersonii* cellobiohydrolase Cel7A in *Saccharomyces cerevisiae* and rational mutagenesis to improve its thermostability and activity[J]. Protein Engineering Design and Selection, 23(2): 69 -79.

WANG X, DING J, GUO W Q, et al, 2010. A hydrodynamics–reaction kinetics coupled model for evaluating bioreactors derived from CFD simulation[J]. Bioresource Technology, 101(24): 9749-9757.

WILLIAMS J R, MARTIN S, 2009. Multiphase flow research[M]. New York: Nova Science Publisher.

WU B, 2009. CFD analysis of mechanical mixing in anaerobic digesters[J]. Transactions of the ASABE, 52(4): 1371-1382.

WU B, 2013. Advances in the use of CFD to characterize, design and optimize bioenergy systems[J]. Computers and Electronics in Agriculture, 93: 195-208.

WU B, BIBEAU E L, 2006. Development of 3-D anaerobic digester heat transfer model for cold weather applications[J]. Transactions of the ASABE, 49(3): 749.

WU B, CHEN Z, 2011. An integrated physical and biological model for anaerobic lagoons[J]. Bioresource Technology, 102(8): 5032-5038.

WU K J, CHANG C F, CHANG J S, 2007. Simultaneous production of biohydrogen and bioethanol with fluidized-bed and packed-bed bioreactors containing immobilized anaerobic sludge[J]. Process Biochemistry, 42(7): 1165-1171.

WU L, YUAN X, SHENG J, 2005. Immobilization of cellulase in nanofibrous PVA membranes by electrospinning[J]. Journal of Membrane Science, 250(1): 167-173.

WYMAN C E, DALE B E, ELANDER R T, et al, 2005. Coordinated development of leading biomass pretreatment technologies[J]. Bioresource Technology, 96(18): 1959-1966.

XU F, THEERARATTANANOON K, WU X, et al, 2011. Process optimization for ethanol production from photoperiod-sensitive sorghum: focus on cellulose conversion[J]. Industrial Crops and Products, 34(1): 1212-1218.

XU L, WEATHERS P J, XIONG X R, et al, 2009. Microalgal bioreactors: challenges and opportunities[J]. Engineering in Life Sciences, 9(3): 178-189.

YAMAN S, 2004. Pyrolysis of biomass to produce fuels and chemical feedstocks[J]. Energy Conversion and Management, 45(5): 651-671.

YOO J, ALAVI S, VADLANI P, et al, 2011. Thermo-mechanical extrusion pretreatment for conversion of soybean hulls to fermentable sugars[J]. Bioresource technology, 102(16): 7583-7590.

ZALDIVAR J, NIELSEN J, OLSSON L, 2001. Fuel ethanol production from lignocellulose: a challenge for metabolic engineering and process integration[J]. Applied Microbiology and Biotechnology, 56(1-2): 17-34.

ZHANG C, ZHANG H, ZHANG Z, et al, 2014. Effects of mass transfer and light intensity on substrate biological degradation by immobilized photosynthetic bacteria within an annular fiber-illuminating biofilm reactor[J]. Journal of Photochemistry and Photobiology B: Biology, 131:113-119.

ZHANG M, 2014. Size reduction of cellulosic biomass for biofuel manufacturing[D]. Manhattan: Kansas State University.

ZHANG Q, ZHANG P, PEI Z J, et al, 2013. Relationships between cellulosic biomass particle size and enzymatic hydrolysis sugar yield: analysis of inconsistent reports in the literature[J]. Renewable Energy, 60: 127-136.

ZHANG W, LIANG M, LU C, 2007. Morphological and structural development of hardwood cellulose during mechanochemical pretreatment in solid state through pan-milling[J]. Cellulose, 14(5): 447-456.

ZHANG Y H P, HIMMEL M E, MIELENZ J R, 2006. Outlook for cellulase improvement: screening and selection strategies[J]. Biotechnology Advances, 24(5): 452-481.

ZHANG Z P, YUE J Z, ZHOU X H, et al, 2014. Photo-fermentative bio-hydrogen production from agricultural residue enzymatic hydrolyzate and the enzyme reuse[J]. BioResources, 9(2): 2299-2310.

ZÜRRER H, BACHOFEN R, 1982. Aspects of growth and hydrogen production of the photosynthetic bacterium *Rhodospirillum rubrum* in continuous culture[J]. Biomass, 2(3): 165-174.

第2章　生物质多相流光合产氢体系酶解预处理技术调控

2.1　酶解预处理技术概况

随着化石能源的大规模消耗，资源短缺、能源枯竭、环境恶化等问题日益突出，人类的生存与发展受到威胁，迫切需要发展绿色能源。作为洁净高热值理想能源，氢气是常规能源的较佳替代品（Kapdan et al.，2006）。利用秸秆类生物质资源为产氢原料，进行光合生物产氢，是集能源生产和废弃物资源利用于一体的生物产氢新技术。利用秸秆进行光合产氢，主要经历原料预处理、酶解及发酵产氢3个阶段。围绕原料预处理，研究工作者已经开展很多有效的尝试（Liu et al.，2005；Huang et al.，2008；Wu et al.，2011）。在课题组前期实验基础上，选择利用球磨超微粉碎方法对秸秆类生物质进行预处理，能有效增加纤维素酶的可及度，提高酶解糖化过程的还原糖得率（岳建芝等，2011）。秸秆类生物质经过超微粉碎预处理作为产氢底物进行光合产氢，能行之有效地将富含可再生糖类资源的农作物秸秆和光合细菌代谢产氢联系起来，但目前仍鲜有报道（陈洪章等，2000；宋贤良等，2001）。

纤维素酶解糖化工艺的主要障碍是纤维素酶成本过高，大大增加了光合产氢的成本（Nguyen et al.，1991；Azócar et al.，2011）。因此，如何有效水解木质纤维素中复杂的多糖，实现高效率、低成本酶解已成为光合产氢过程的主要任务（Román-Leshkov et al.，2007；Zhang et al.，2007）。在对高效酶解工艺进行研究的基础上，Lu 等（2002）列举大量酶回收利用技术，发现开发纤维素酶的有效回收利用工艺也是降低成本的重要途径。纤维素酶回收利用技术主要有纤维酶固定化法回收利用技术、超滤膜回收利用技术及新鲜底物重吸附法回收利用技术 3 种（Khoshnevisan et al.，2011；Echavarria et al.，2012），酶回收利用效率的提高能进一步节约纤维素酶的用量，降低光合产氢成本。

本章选用玉米芯作为产氢用秸秆类生物质原料，以还原糖浓度为参照，通过单因素实验和正交实验，对超微玉米芯粉光合产氢过程中的酶解影响因素进行研究，优化酶解工艺。同时，利用单因素实验分析法对新鲜底物重吸附法和纤维素酶固定化技术利用过程中的各影响因素进行分析，最大限度地提高纤维素酶的回收利用效率。对酶解工艺的优化及回收利用技术的开发，降低了光合产氢过程纤维素酶酶解过程的成本，为酶解处理超微玉米芯粉进行光合产氢过程的产业化提供了科学参考。

2.2　秸秆类生物质酶解预处理工艺调控

取超微玉米芯粉试样进行批次酶解实验。酶解底物为球磨 1h 的玉米芯粉，置于 250mL 洗净烘干锥形瓶中，加入 100mL pH 4.8 的柠檬酸-柠檬酸钠缓冲溶液，在 50℃水浴锅中水浴保温 30min 后加入纤维素酶，酶解反应在 50℃、150r/min 的恒温振荡器中进行。对酶解过程中的酶负荷、底物浓度、酶解时间 3 个因素进行单因素实验研究，每组实验进行 3 次，计算其标准误差。酶解单因素实验中各因素水平设计如表 2.1 所示。

表 2.1　酶解单因素实验中各因素水平设计

因素	水平						
	1	2	3	4	5	6	7
酶负荷/（mg/g）	25	50	100	150	200	250	300
底物浓度/（mg/mL）	5	10	15	20	25	30	35
酶解时间/h	6	12	24	36	48	60	72

在不同酶负荷及底物浓度下进行酶解实验，在不同酶解时间下测量其 OD_{540} 值（optical density，光密度），计算还原糖浓度。每组实验均进行两次。

酶解效率按照式（2.1）进行计算。

$$酶解效率=[(还原糖产量\times0.9)/底物量]\times100\% \tag{2.1}$$

在分析酶解反应中酶负荷、底物浓度和酶解时间 3 种因素影响酶解还原糖产量的基础上，利用 DPS 7.05 软件，设计 L_9（3^3）正交实验，以期寻求最佳预处理工艺及显著影响因素。正交实验因素及水平设计如表 2.2 所示。

表 2.2　正交实验因素及水平设计

因素	水平		
	1	2	3
酶负荷（A）/（mg/g）	150	100	50
底物浓度（B）/（mg/mL）	30	25	20
酶解时间（C）/h	48	36	24

2.2.1　纤维素酶酶负荷对酶解预处理过程的影响

取 1g 超微玉米芯粉进行酶解实验，不同酶负荷下酶解反应 24h 后，测定 OD_{540} 值并计算还原糖产量。图 2.1 为不同酶负荷对酶解效率及还原糖产量的影响。

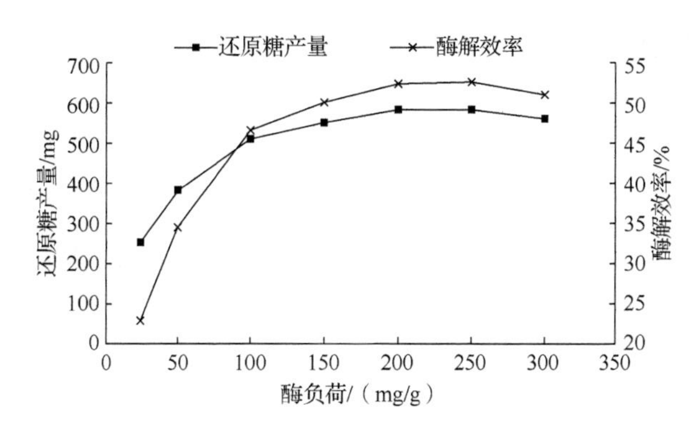

图 2.1　不同酶负荷对酶解效率及还原糖产量的影响

由图 2.1 可知，酶解效率随着酶负荷的增大而增大，当酶负荷从 25mg/g 增加到 100mg/g 时，还原糖产量迅速增加到 522mg，酶解效率达到 46.98%。酶负荷由 100mg/g 增至 250mg/g，酶解效率及还原糖产量的增幅都很小，基本趋于稳定，酶负荷为 250mg/g 时还原糖产量达到最大，为 591mg，酶解效率为 53%。酶负荷超过 250mg/g，还原糖产量出现下降趋势。快速增加、趋于稳定及下降趋势出现的原因可能是：当纤维素酶用量较小时，纤维素酶能有效与纤维素活性位点接触，实现有效酶解；当酶负荷超过 100mg/g 时，继续增加酶负荷，因底物活性位点的减少及纤维素酶在非降解底物上的吸附失活，并不能显著提高酶解效率；酶负荷超过 250mg/g 时，还原糖产量不升反降，可能是因为酶解反应达到一定的临界点，还原糖等物质的生成抑制了纤维素酶的活性，从而造成酶解效率的降低。考虑到实际生产及酶解成本，以酶负荷为 100mg/g 试样为宜。

2.2.2　底物浓度对酶解预处理过程的影响

取不同底物浓度超微玉米芯粉试样进行酶解实验，酶负荷为

100mg/g 超微玉米芯粉，酶解反应 24h 后，测定其 OD_{540} 值。图 2.2 为不同底物浓度对酶解效率及还原糖产量的影响。

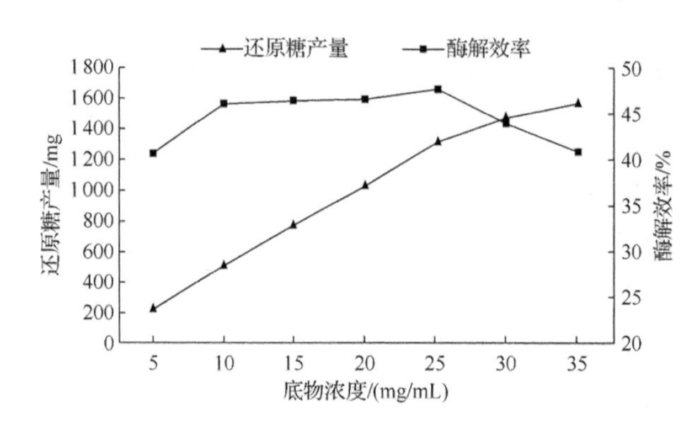

图 2.2　不同底物浓度对酶解效率及还原糖产量的影响

由图 2.2 可知，当底物浓度由 5mg/mL 增加到 10mg/mL 时，随着底物浓度的增加，还原糖产量逐渐增加，酶解效率由 41%升高到 46%；底物浓度由 10mg/mL 增加到 25mg/mL，还原糖产量呈线性增长趋势，该阶段酶解效率趋于稳定，底物浓度为 25mg/mL 时达到最大酶解效率，为 48%；但当底物浓度超过 25mg/mL 时，还原糖产量增幅逐渐减小，酶解效率下降。综合分析，可能是由于随着底物浓度的增加，酶解反应顺利进行，底物浓度越高，纤维素酶越容易与纤维素结合，溶液中游离酶的数量减少，酶解效率稳定在较高水平。但当底物浓度增加到 30mg/mL，还原糖产量达到 1 469mg，此时酶解液还原糖产量抑制了纤维素酶活性，造成了酶解效率降低。因此，在保证较高还原糖产量的情况下，底物浓度以选择 25mg/mL 为宜。

2.2.3　酶解时间对酶解预处理过程的影响

取 2.5g 超微玉米芯粉试样进行酶解实验，酶负荷为 100mg/g 超微玉米芯粉试样，在不同时间取样测定其 OD_{540} 值。图 2.3 为不同酶解时间对酶解效率及还原糖产量的影响。

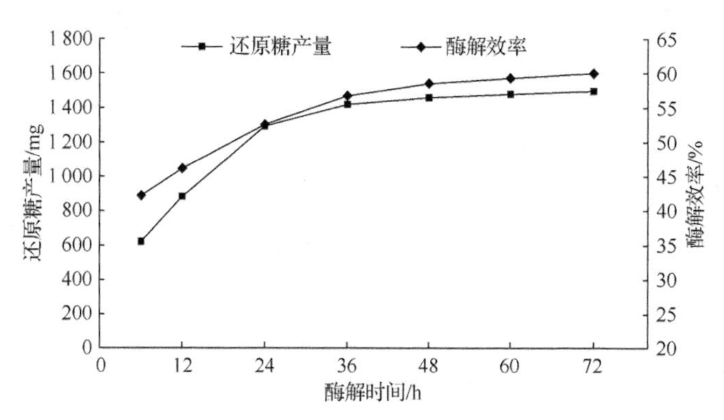

图 2.3　不同酶解时间对酶解效率及还原糖产量的影响

由图 2.3 可知，酶解时间越长，还原糖产量越大，酶解效率也越大。前 36h，还原糖产量增至 1 422mg，酶解效率达到 57%；36h 后增幅趋于平缓；72h 还原糖产量为 1 501mg，酶解效率为 60%。可能是因为反应初期，酶解液中还原糖产量低，反应迅速进行，随着还原糖产量的逐渐升高，反应速率减慢，再加上还原糖的抑制作用，使酶解效率降低。因此，实际生产中，酶解时间定为 36h。

2.2.4　酶解预处理工艺参数的正交优化

利用正交分析法进行超微玉米芯粉试样酶解实验，其结果如表 2.3 所示。

表 2.3　正交实验结果分析

序号	酶负荷（*A*）/（mg/g）	底物浓度（*B*）/（mg/mL）	酶解时间（*C*）/h	还原糖产量（*X*）/mg	酶解效率（*Y*）/%
1	1	1	1	1 534	46.04
2	1	2	2	1 425	51.30
3	1	3	3	1 063	47.84
4	2	1	2	1 478	44.34
5	2	2	3	1 309	47.12

续表

序号		酶负荷（A）/（mg/g）	底物浓度（B）/（mg/mL）	酶解时间（C）/h	还原糖产量（X）/mg	酶解效率（Y）/%
6		2	3	1	1 197	53.87
7		3	1	3	1 236	37.08
8		3	2	1	1 292	46.51
9		3	3	2	1 020	45.90
X	k_1	1 340.67	1 416	1 341		
	k_2	1 328.00	1 342	1 307.67		
	k_3	1 182.67	1 093.33	1 202.67		
	极差 R	158	322.67	138.33		
Y	k_1	48.39	42.48	48.80		
	k_2	48.44	48.31	47.18		
	k_3	43.16	49.20	44.01		
	极差 R	5.28	6.72	4.79		

由表 2.3 极差 R 的大小，可以判断各因素对实验指标的影响主次：R 值越大，说明影响越大。以还原糖产量和酶解效率为指标考察时，影响超微玉米芯粉试样酶解产糖量的因素主次顺序都为 $B>A>C$，即底物浓度、酶负荷、酶解时间。以还原糖产量为考察指标时，由各因素水平值的均值可见，优化组合为 $A_1B_1C_1$，此时玉米芯粉酶负荷为 50mg/g，但酶解效率不高，只有 46.04%，玉米芯粉还原糖得率为 511.3mg/g，其还原糖产量的增加是因为底物量大。以酶解效率为考察指标时，优化组合为 $A_2B_3C_1$，玉米芯粉酶负荷为 100mg/g，虽然此时还原糖产量为 1 197mg，并不高，但还原糖得率为 598.5mg/g，底物被利用程度大。因此，在兼顾还原糖产量的情况下，选择酶解效率为最优考核指标，根据因素影响的主次，选定 A_2C_1 条件。因为底物浓度是影响还原糖产量和酶解效率的最显著因素，所以在补充验证交互实验中，改变底物浓度进行实验，得到最佳工艺条件为 $A_2B_2C_1$。此时玉米芯粉酶负荷为 40mg/g，玉米芯粉还原糖得率为 583.6mg/g。

由表 2.4 可知，根据 p 值检验方法，在所选实验因素水平下，以还原糖产量为考察指标时，因素 A、B、C 的 p 值都小于 0.01，说明酶负荷、底物浓度、酶解时间均对还原糖产量有极显著影响。以酶解效率为考察指标时，A、B 的 p 值＜0.05，说明二者对酶解效率有显著影响，而 C 的 p 值＜0.1，说明其对酶解效率有一定影响。因素主次顺序为 B＞C＞A。

表 2.4　方差分析检验表

方差来源	指标	离差平方和	自由度	均方差	F 值	p 值
酶负荷（A）/（mg/g）	X	46 246.22	2	23 123.11	268.53	<0.01
	Y	55.16	2	27.58	21.49	<0.05
底物浓度（B）/（mg/mL）	X	171 424.90	2	85 712.44	995.37	<0.01
	Y	79.99	2	40.00	31.16	<0.05
酶解时间（C）/h	X	31 272.22	2	15 636.11	181.58	<0.01
	Y	35.56	2	17.78	13.86	<0.1
误差	X	172.22	2	86.11		
	Y	2.57	2	1.28		
总和	X	249 115.60				
	Y	173.29				

综合考虑生产成本、还原糖产量及酶解效率等指标，为了最大限度地提高还原糖产量和酶解效率，酶解实验的优化组合为 $A_2B_2C_1$，即 100mL 反应液中，酶负荷为 100mg/g，底物浓度为 25mg/mL，酶解时间为 48h，此时还原糖产量为 1 459mg，酶解效率为 52.52%。

2.3　纤维素酶回收利用技术调控

酶解过程中，纤维素酶呈现出较稳定的性能且能被重新利用，因此，纤维素酶的回收利用技术得到越来越多的关注。

纤维素酶重吸附法回收利用技术操作步骤如下。第一批原料 2.5g 超微玉米芯粉酶解 24h 后，直接加入第二批同等重量的超微玉米芯粉试样，利用纤维素酶在纤维素基底物上的吸附作用，吸附酶解液中的游离酶。搅拌增大玉米芯粉与纤维素酶的接触机会，吸附进行 1h 后用转速 5 000r/min 离心 10min，将酶解液与吸附酶后的底物进行分离，酶解液用于光合产氢过程。吸附纤维素酶后的新鲜底物重新进行第二次酶解，如此反复 4 次，直至酶解效率显著降低。

纤维素酶固定化方法对纤维素酶的回收利用如下。海藻酸钠作为包埋剂用来制备固定化纤维素酶，制备方法为取 400mg 纤维素酶酶粉，溶于 100mL pH 4.8 的缓冲液中，加入浓度为 3%的海藻酸钠。用 8 号注射器针头吸取海藻酸钠浓度为 3%的含纤维素酶溶液，滴入 5%氯化钙溶液中固化 18h，取出固定化纤维素酶颗粒用 0.5%的氯化钠溶液冲洗抽滤。取 25g 固定化纤维素酶颗粒（颗粒中纤维素酶含量为 4mg/g）进行酶解实验。每次反应进行后，直接将固定化纤维素酶分离过滤，加入新鲜基质和缓冲液，重复此过程 4 次。

在利用超微玉米芯粉对重吸附法及纤维素酶固定化法进行可行性验证的基础上，利用单因素实验，对重吸附法和固定化法这两种纤维素酶回收利用过程中不同因素条件对回收效率的影响进行考察，优化纤维素酶回收工艺。

重吸附法回收利用工艺优化实验中，研究不同吸附时间（30min、60min、90min、120min 和 150min）和不同吸附温度（5℃、15℃、25℃和 35℃）对新鲜基质重吸附过程的影响。新鲜基质加入酶解液后，静置，在不同吸附温度下进行不同时间的吸附、离心，向吸附纤维素酶后的底物加入 100mL 缓冲液进行 36h 的酶解过程，测定各组反应的还原糖产量，计算酶解产氢效率。固定化纤维素酶回收利用实验过程中，研究了固定化过程中不同 pH（3.6、4.2、4.8 和 5.4）和不同纤维素酶负荷（200mg/g、300mg/g、400mg/g 和 500mg/g）对固定化纤维素酶回收利用效率的影响。

纤维素酶回收利用效率可由式（2.2）进行计算：

$$\text{纤维素酶回收利用效率} = (Q_n / Q_{(n-1)}) \times 100\% \qquad (2.2)$$

式中，Q_n 和 $Q_{(n-1)}$ 分别为不同酶解次数的还原糖浓度；n 为酶解进行的次数（n =1，2，3，4）；Q_0 为未酶解时的还原糖浓度。

2.3.1　纤维素酶回收利用技术可行性分析

优化秸秆类生物质酶解产氢实验过程中的酶解工艺是降低成本的有效手段，同时，实现纤维素酶的有效回收利用，能更进一步减少纤维素酶的用量，降低成本。本部分考察新鲜底物重吸附法及纤维素酶固定化法回收利用技术在超微玉米芯粉酶解产氢实验中的技术可行性。

纤维素酶回收利用技术的实验结果如表 2.5 所示。

表 2.5　纤维素酶回收利用技术实验结果

次数	还原糖浓度/（mg/mL）		回收利用效率/ %	
	新鲜底物重吸附法	纤维素酶固定化法	新鲜底物重吸附法	纤维素酶固定化法
1	12.43	12.26	85.2	91.4
2	10.56	11.37	84.9	92.7
3	8.77	10.14	83.1	89.2
4	7.01	8.91	80.0	87.9

由表 2.5 可知，利用新鲜底物重吸附法和纤维素酶固定化法均可实现对纤维素酶的有效回收利用，且回收效果显著。通过 4 个周期的循环，纤维素酶固定化法的回收利用效率为 87.9%，高于新鲜底物重吸附法的回收利用效率（80.0%）。然而在第一次酶解糖化实验中，新鲜底物重吸附法的还原糖浓度为 12.43mg/mL，略高于纤维素酶固定化法的 12.26mg/mL。这可能是因为在第一次酶解糖化过程中，纤维素酶的固定化中，海藻酸钠的包裹一定程度上抑制了纤维素酶的活性。因此，酶解糖化效率略低于未固定化的纤维素酶。但是在后期的回收利用过程中，纤维素酶固定化法表现出更强的稳定性，失活率降低，且由于海藻酸钠的包裹，大大降低了纤维素酶的游离逸出，更减少了后期离心分离等过程中纤维素酶的流失。因此，为实现还原糖产量的最大化，实现较高的酶回收效率，纤维素酶回收利用过程中的失活及流失现象都应得到重视。纤维素酶的酶负荷、重吸附时间、重吸附温度、反应液 pH 等因素都对酶解及酶回收利用效率有影响，要予以优化。

2.3.2　新鲜底物重吸附法回收利用工艺优化

利用新鲜底物重吸附法对纤维素酶进行回收再利用，是多种酶回收利用工艺中较简单的一种方法。由于超微玉米芯粉具有优于一般粉碎秸秆类生物质的物理化学性质，如孔隙率增大、比表面积增加、有效打破木质素和半纤维素对纤维素的包裹等，其重吸附能力必然得到加强。不同重吸附温度和不同重吸附时间下，纤维素酶一次循环利用后的还原糖浓度如图 2.4 所示。

由图 2.4 可知，在每一个重吸附温度水平，都存在一个重吸附时间拐点，自拐点后酶解产糖速率降低，甚至出现还原糖浓度负增长的现象。出现这种现象，可能是由于随着重吸附时间的延长，用于重吸附的超微玉米芯粉在重吸附过程中，发生酶解糖化反应，该酶解糖化反应随着吸附时间的继续而持续进行；在后期将其重复循环用于酶解产糖的过程中，已有部分纤维素被利用，因此出现了酶解产糖量增速缓慢，甚至还原糖浓度负增长的现象。

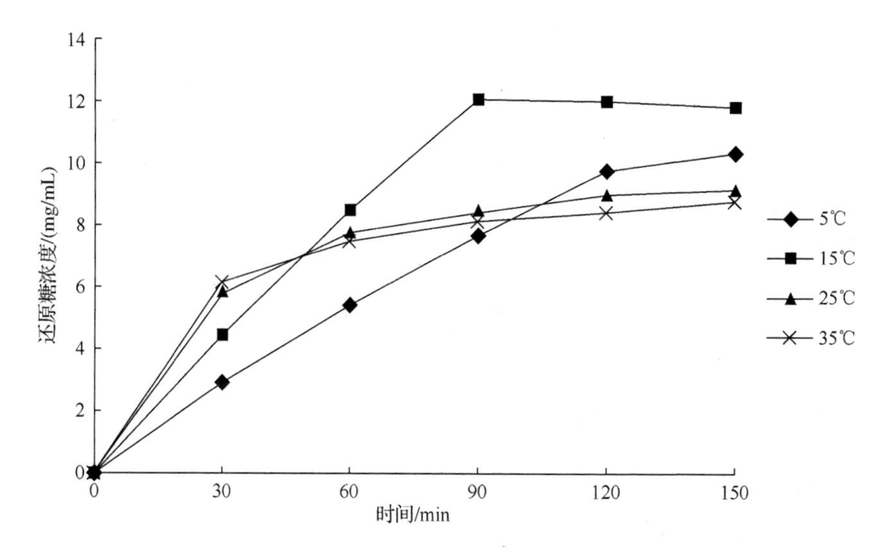

图 2.4　利用新鲜底物重吸附法对纤维素酶回收利用后的还原糖浓度（不同重吸附温度和重吸附时间）

当重吸附温度为 15℃时，新鲜底物经过 90min 的重吸附，此时纤维素酶的吸附效果最好。该因素条件下，一次循环利用后，酶解液中的还原糖浓度为 12.10mg/mL，纤维素酶的回收利用效率达到 82.9%。不同吸附温度条件下，还原糖浓度增速变慢或是减产的时间拐点出现的时间不同。在 5℃和 15℃重吸附温度下，随着重吸附时间的延长，纤维素酶的一次循环利用的酶解还原糖浓度逐渐增加。在重吸附 90min 后，重吸附温度为 15℃的酶解还原糖浓度开始下降，重吸附温度为 5℃的酶解还原糖浓度仍有小幅度上升。当重吸附温度为 25℃和 35℃时，纤维素酶被新鲜底物重吸附的过程一直伴随少量基质降解。因此，随着吸附时间的延长，其纤维素酶一次循环酶解的产糖量低于低温（5℃和 15℃）条件时。重吸附温度越高，越应降低重吸附时间，以减少重吸附过程中的基质降解。可以看出，低温可以抑制纤维素酶酶解反应的进行，但是也在一定程度上减缓了纤维素酶与纤维素的结合速率。5℃时的纤维素酶一次循环酶解产糖量均低于 15℃。

综上可知，考虑到吸附效果及一次循环后纤维素酶酶解产糖效率，当重吸附温度为 15℃、重吸附时间为 90min 时，重吸附法回收利用纤维素酶的效率最高。

2.3.3　纤维素酶固定化法回收利用工艺优化

经过固定化处理的纤维素酶可以通过过滤或离心等简单的方式进行回收利用，从而降低纤维素酶的用量，节约成本。同时，纤维素酶经过固定化，酶活力的稳定性及酶对周围环境的耐受能力都有所增强，可以反复使用和连续操作，是降低秸秆类生物质光合产氢过程成本的重要技术。

纤维素酶固定化法显著降低了纤维素酶回收利用过程中的游离酶损失，但是固定化过程工艺参数不同，会造成固定化纤维素酶的机械强度过弱或过强，影响对纤维素酶的包裹及纤维素酶的酶活力表现。因此，以固定化纤维素酶的一次循环酶解产糖量和回收利用效率为考核指标，考察酶液 pH 和纤维素酶添加量对固定化纤维素酶回收利用情况的影响，结果如图 2.5 所示。

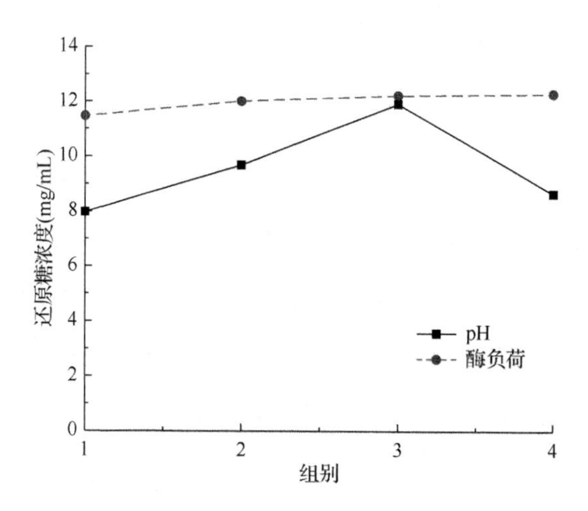

图 2.5　不同组别固定化纤维素酶回收利用的还原糖浓度（不同纤维素酶添加量和酶液 pH；1、2、3、4 分别代表两因素的 4 组不同水平，如酶液 pH 为 3.6、4.2、4.8、5.4 及纤维素酶添加量为 200mg、300mg、400mg、500mg）

从图 2.5 中可以看出，固定化纤维素酶回收利用的过程中，当纤维素酶添加量一定时，改变酶解液的 pH 会显著影响还原糖浓度。pH 为 4.8 时固定化纤维素酶一次循环利用后，还原糖浓度为 11.92mg/mL 酶解液，纤维素酶的回收利用效率达到 88.9%。酶液的酸碱度低于或高于 4.8 均不利于后期酶解反应的进行，抑制了固定化纤维素酶的回收利用效率。当 pH 等条件不变时，纤维素酶添加量会影响固定化纤维素酶颗粒内的纤维素酶浓度，增大表面纤维素酶与纤维素接触的机会，提高酶解产糖效率。因此，对不同的纤维素酶添加量进行研究，有利于在保证酶解还原糖得率的基础上，确定最适宜纤维素酶添加量。

随着纤维素酶添加量由 200mg 增加至 500mg，固定化纤维素酶一次循环利用后的还原糖浓度有小幅度的增加，从 11.47mg/mL 增加到 12.31mg/mL，增幅不明显。这可能是由于利用海藻酸钠进行纤维素酶的固定化过程中，纤维素被有效地包埋固定。海藻酸钠本身性质温和，对微生物不存在毒害作用，且有良好的通透性，同时，超微玉米芯粉粒径非常小，易于在固定化纤维素酶颗粒间分散。因此，固定化纤维素酶颗粒能有效地与超微玉米芯粉中的纤维素进行结合，发生酶促反应，玉米芯粉得到有效降解。纤维素酶添加量由 400mg 增加到 500mg 的过程中，固定化纤维素酶一次循环利用后的还原糖浓度基本上没有变化，还原糖浓度从 12.24mg/mL 增加到 12.31mg/mL。这可能是由于在纤维素的酶解糖化过程中，起决定作用的是纤维素酶活性位点与纤维素的有效结合，最终表现为纤维素酶的活性。纤维素酶添加量低时，纤维素能有效地与纤维素酶的活性位点结合，进行有效的酶解糖化过程；随着纤维素酶添加量的升高，纤维素酶的活性位点并没有充分表达（因为可能伴随有不可降解物质对纤维素酶的吸附），酶解效率没有显著增加。另一个原因可能是纤维素酶的大量添加，使酶解糖化反应快速进行，并在纤维素酶添加量 400mg 时达到拐点，酶解液中大量存在的还原性糖类物质抑制了纤维素酶的活性。通过对固定化纤维素酶回收利用技术中酶液 pH 和纤维素酶添加量两个单因素的分析，得出在固定化法回收利用纤维素酶的过程中，最适宜的酶液 pH 为 4.8（与纤维素酶的最佳酶活性 pH 一致），最佳的纤维素酶添加量为 400mg。

2.4 酶解反应对光合产氢过程的影响

以酶解工艺优化正交实验中各因素水平下的酶解反应液为产氢底物，进行光合产氢实验，7d 累积产氢量如图 2.6 所示。

已知不同因素水平下的超微玉米芯粉酶解还原糖产量不同，利用各组酶解反应液进行光合产氢，经过一个产氢周期后，发现利用玉米芯粉酶解液进行光合产氢的过程中，累积产氢量的大小与还原糖得率大小规律一致，最高达 1 011mL。说明玉米芯经过超微预处理及酶解后产生的还原糖等物质，能够被光合细菌有效利用并进行代谢产氢。

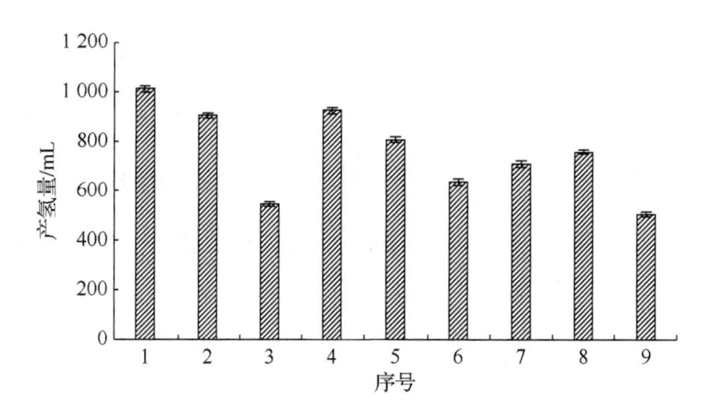

图 2.6　各因素水平下超微玉米芯粉酶解液累积产氢量
（序号对应表 2.3 的 9 组实验）

（1）秸秆类生物质光合产氢过程中，纤维素类生物质的高效预处理及有效酶水解是提高产氢效率、降低产氢成本的关键环节。本章利用单因素实验及正交实验对超微玉米芯粉的酶解工艺进行研究和优化，结果显示，酶负荷、底物浓度、酶解时间对还原糖浓度均有极显著影响，酶负荷和底物浓度显著影响酶解效率。利用纤维素酶对超微玉米芯粉试样酶解糖化过程中，随着酶负荷的增加，还原糖浓度及酶解效率逐渐增加，但当酶负荷超过 250mg/100mL 反应液时，酶解效率呈逐渐下降趋势。底物浓度是最主要的影响因素，底物浓度越大，还原糖浓度越高；但当底物浓度超过 30mg/mL 时，酶解效率由逐步上升转为迅速下降。随着酶解时间的增长，还原糖浓度和酶解效率都呈现逐步上升的趋势，但 48h 后增速变缓。

（2）由正交实验结果分析可知，优化后酶解工艺条件为 100mL 反应液中，酶负荷为 100mg/g，底物浓度为 25mg/mL，酶解时间为 48h，此时酶解还原糖产量为 1 459mg，酶解效率为 53%。利用酶解液进行光合产氢实验，7d 累积产氢量为 1 011mL。

（3）在对酶水解工艺进行优化的基础上，开展纤维素酶的回收利用技术可以进一步减少纤维素酶用量，是降低产氢成本的重要环节。对新鲜底物重吸附法和纤维素酶固定化法的效果进行考察，发现新鲜底物重吸附法和纤维素酶固定化法均能实现对纤维素酶的有效回收再利用。新鲜底物重吸附法回收利用纤维素酶的最佳工艺条件为重吸附温度 15℃、重吸附时间 90min，此时纤维素酶的一次循环利用酶解产糖量为 12.10mg/mL 酶解液。纤维素酶固定化法回收利用纤维素酶的最佳工艺条件为酶液 pH 4.8、纤维素酶的添加量为 400mg。

参 考 文 献

陈洪章，李佐虎，2000. 影响纤维素酶解的因素和纤维素酶被吸附性能的研究[J]. 化学反应工程与工艺，16（1）：31-37.

宋贤良，温其标，朱江，2001. 纤维素酶法水解的研究进展[J]. 郑州工程学院学报，22（4）：67-71.

岳建芝，张全国，李刚，等，2011. 机械粉碎对高粱秆微观结构及酶解效果的影响[J]. 太阳能学报，32（2）：262-267.

AZÓCAR L, CIUDAD G, HEIPIEPER H J, et al, 2011. Lipase-catalyzed process in an anhydrous medium with enzyme reutilization to produce biodiesel with low acid value[J]. Journal of Bioscience and Bioengineering, 112(6): 583-589.

ECHAVARRIA A P, IBARZ A, CONDE J, et al, 2012. Enzyme recovery and effluents generated in the enzymatic elimination of clogging of pectin cake in filtration process[J]. Journal of Food Engineering, 111(1): 52-56.

HUANG T, DING R, 2008. Effect of mechanical pre-treatment on enzymatic degradation of cellulose[J]. Journal of Southwest University for Nationalities (Natural Science Edition),

34(5):960-965.

KAPDAN I K, KARGI F, 2006. Bio-hydrogen production from waste materials[J]. Enzyme and Microbial Technology, 38(5): 569-582.

KHOSHNEVISAN K, BORDBAR A K, ZARE D, et al, 2011. Immobilization of cellulase enzyme on superparamagnetic nanoparticles and determination of its activity and stability[J]. Chemical Engineering Journal, 171(2): 669-673.

LIU N, SHI S, 2005. Research progress of converting lignocellulose to produce fuel ethanol[J]. Modern Chemical Industry, 3: 19-24.

LU Y P, YANG B, GREGG D, et al, 2002. Cellulase adsorption and an evaluation of enzyme recycle during hydrolysis of steam-exploded softwood residues[J]. Applied Biochemistry and Biotechnology, 98-100 (1-9): 641-654.

NGUYEN Q A, SADDLER J N, 1991. An integrated model for the technical and economic evaluation of an enzymatic biomass conversion process[J]. Bioresource Technology, 35(3): 275-282.

ROMÁN-LESHKOV Y, BARRETT C J, LIU Z Y, et al, 2007. Production of dimethylfuran for liquid fuels from biomass-derived carbohydrates[J]. Nature, 447(7147): 982-985.

WU C W, DU X F, YANG W F, et al, 2011. Optimization of superfine grinding technological parameters for cell wall disruption of *Sophora alopecuroides*[J]. Acta Agricultural Jiangxi, 23(1): 135-137.

ZHANG Y H P, DING S Y, MIELENZ J R, et al, 2007. Fractionating recalcitrant lignocellulose at modest reaction conditions[J]. Biotechnology and Bioengineering, 97(2): 214-223.

第3章　光生化反应器结构优化及其光合产氢过程调控

3.1　光生化反应器结构与产氢相关关系

光生化反应器结构和水力停留时间是影响连续流光合产氢系统产氢性能的主要因素（Chen et al.，2009；Kim et al.，2010；Sreethawong et al.，2010）。Li 等（2009）对静置状态和摇动状态下的生物产氢系统进行对比，发现在摇动状态下最大产氢速率为165.9mL/（L·h），与静置状态比，最大产氢速率提高了59%。Kongjan 等（2010）的实验表明，生物产氢过程中光生化反应器结构会影响产氢多相流内部的搅拌方式，搅拌方式会影响反应液的传质特性，进而影响产氢过程中产氢细菌的生长、代谢产氢及底物转化效率（Wu et al.，2009；Kongjan et al.，2010）。Gilbert 等（2011）设计改进了一种新型板式生化反应器，该反应器能够有效地克服多种反应器中存在的摇摆运动所造成的搅动问题，他们利用该反应器进行生物产氢，得出光合细菌 *Rhodobacter sphaeroides* OU 001 的最大产氢速率为11mL/（L·h）。研究表明，随着水力停留时间减少，不同形态的生化反应器均呈现出产氢量增加的趋势。水力停留时间短不仅会影响生物产氢的发酵类型（如由丁酸型发酵转向乙酸型发酵等），还会对产甲烷菌的生长有一定的抑制作用（因为产甲烷菌的生长与产氢细菌相比需要更长的时间）（Gilbert et al.，2011；Won et al.，2011）。然而，Wu 等（2009）对一系列不同水力停留时间的生物产氢情况进行分析，发现水力停留时间 12h 为最优条件，此时产氢量和产氢速率都较高。同时他们还发现，不同的水力停留时间下，生物发酵所产生的氢气成分有所变化，较长水力停留时间下出现了氢气浓度及总产氢量的下降，这可能是由于水力停留时间过长，反应器及反应液内部氢分压过大，且前期产出的氢气被同型乙酸菌利用，气体浓度下降。通过以上的分析可以看出，搅拌情况及水力停留时间对生物产氢系统的高效运行有很重要的影响，是维持生化反应器充足细胞浓度和稳定产氢环境的重要参数，需要予以重视。

秸秆类生物质经过简单预处理后，进行化学法水解或纤维素酶酶解可以产生可发酵糖类资源，进而被微生物利用制备氢气、甲烷、乙醇等生物质能源（Li et al.，2011）。我国有丰富的秸秆类资源，对其进行充分利用，将大大提高我国生物质能源的生产潜力。玉米芯是产量丰富的可再生自然资源，每年产量约有 10Mt。玉米芯与其他秸秆类生物质相比，结构松散、纤维素含量高、木质素含量相对较低，是一种理想的产氢原料（Li et al.，2009）。选用玉米芯作为发酵底物，对球磨超微粉碎后的玉米芯粉进行纤维素酶酶解糖化，利用酶解液进行光合产氢。以产氢过程中反应液的 pH、还原糖浓度、光合细菌浓度、累积产氢量为参照，通过计算求得生物质多相流产氢料液的底物转化效率，考察不同搅拌形式光生化反应器及不同水力停留时间对光合产氢过程的影响，进而优化光生化反应器的操作工艺，以提高生物质多相流光合产氢体系的产氢效率，将对光合产氢过程中的光生化反应器的研发及操作工艺的优化提供技术支持。

3.2　不同类型光生化反应器的设计及运行

序批式进料方式的光生化反应器结构简单、操作方便，在生物产氢中得到了广泛应用。但是为了实现生物产氢技术的产业化，提高经济效益，对产氢过程中的连续流生物产氢装置与技术进行研发也非常关键。不同搅拌方式的光生化反应器结构如图 3.1 所示。

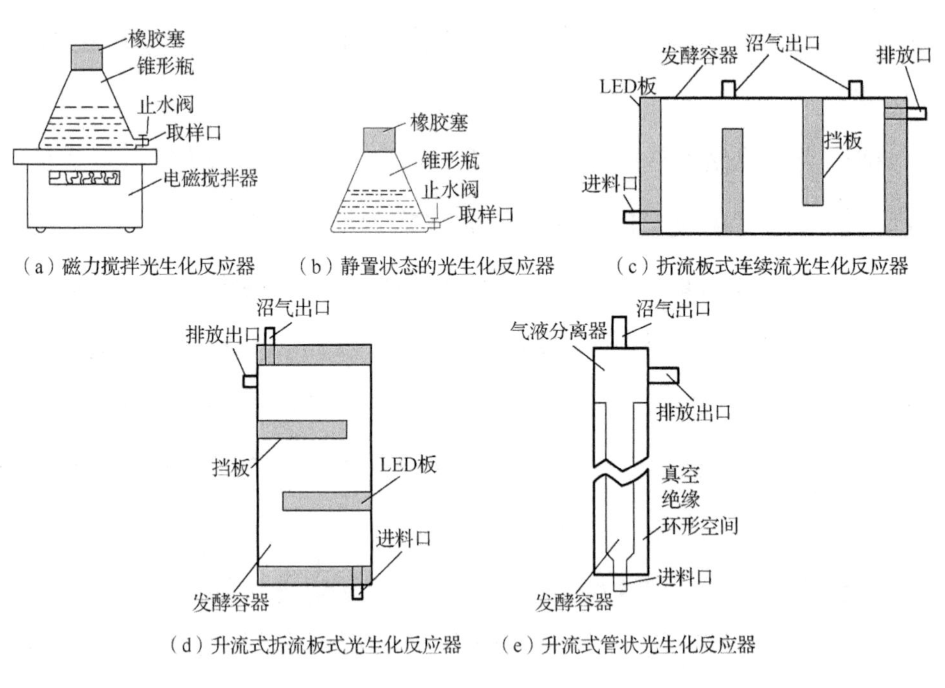

（a）磁力搅拌光生化反应器　（b）静置状态的光生化反应器　（c）折流板式连续流光生化反应器

（d）升流式折流板式光生化反应器　（e）升流式管状光生化反应器

图 3.1　不同搅拌方式的光生化反应器结构

图 3.1（a）和（b）是采用序批式进料方式的序批式光生化反应器，其中，图 3.1（a）是磁力搅拌光生化反应器，图 3.1（b）是静置状态的光生化反应器。图 3.1（c）～（e）是 3 种连续流光生化反应器，其中图 3.1（c）是折流板式连续流光生化反应器，图 3.1（d）是升流式折流板式光生化反应器，图 3.1（e）是升流式管状光生化反应器。序批式

光生化反应器主体是容量为 250mL 的锥形瓶，橡胶塞封口后进行光发酵生物产氢。

折流板式连续流光生化反应器为自主研发的新型光通道生物产氢反应器，已获国家发明专利授权。由于折流板的加入，生物质多相流光合制氢料液的流动方向及流动状态发生了改变，从而实现了对制氢料液的搅拌。升流式折流板式光生化反应器内部的搅拌不仅由折流板的折流作用实现，还存在流体向上流动过程中，向上的动能与流体自身存在的重力势能之间的相互作用。升流式管状光生化反应器的长径比远远大于 1，其搅拌是由流体升流过程中向上的流动趋势与向下的重力势能之间的相互作用实现。

3.2.1　磁力搅拌下序批式光生化反应器的运行

搅拌能够有效地增加光合细菌与产氢基质的接触。磁力搅拌方法适用于黏稠度不大的液体或固液混合物，而生物质多相流光合产氢体系满足这一特征，因此，可以利用磁力搅拌方法进行搅拌。磁力搅拌是利用磁场和漩涡的原理，将搅拌子放入产氢料液当中，当底座产生磁场后，搅拌子就会进行圆周循环运动，从而实现对产氢料液的搅拌，使反应物均匀混合。

添加磁力搅拌装置的序批式光生化反应器生物产氢装置如图 3.2 所示。

序批式磁力搅拌光生化反应器生物产氢系统的启动，采用批次进料的方式。向 250mL 锥形瓶中加入 100mL 光合产氢料液，将整套反应装置置于 30℃光照培养箱中，利用 40W 白炽灯进行照明，光照度为 4 000 lx，利用注射器针管进行生物质气体的收集。在磁力搅拌速度为 150r/min

的条件下，进行光合产氢，产氢周期为4d。

图 3.2　添加磁力搅拌装置的序批式光生化反应器生物产氢装置

3.2.2　静置状态下序批式光生化反应器的运行

静置状态下利用序批式光生化反应器进行产氢，与添加磁力搅拌装置的序批式生物产氢过程相比，唯一的区别就是没有添加搅拌。其产氢装置如图3.3所示。

图 3.3　静置状态下序批式光生化反应器生物产氢装置

向250mL锥形瓶中加入100mL光合产氢料液，将整套反应装置置于 30℃光照培养箱中，利用 40W 白炽灯进行照明，光照度为 4 000lx，利用注射器针管进行生物质气体的收集。在静置状态下进行光合产氢，产氢周期为 4d。

3.2.3　折流板式连续流光生化反应器的运行

折流板式连续流光生化反应器（图 3.4）由于添加了折流板，发酵产氢料液在反应器内部呈蛇形流动，增加了流程，其流态介于推流与全混式流态之间，尤其在上向流室中，上升水流流速及向上逸出的气体等，都有利于发酵产氢料液与光合细菌的充分接触，加速了碳氢化合物向光合细菌的传递。同时折流板的存在有效地增加了生物固体的截留能力（徐金兰等，2002）。

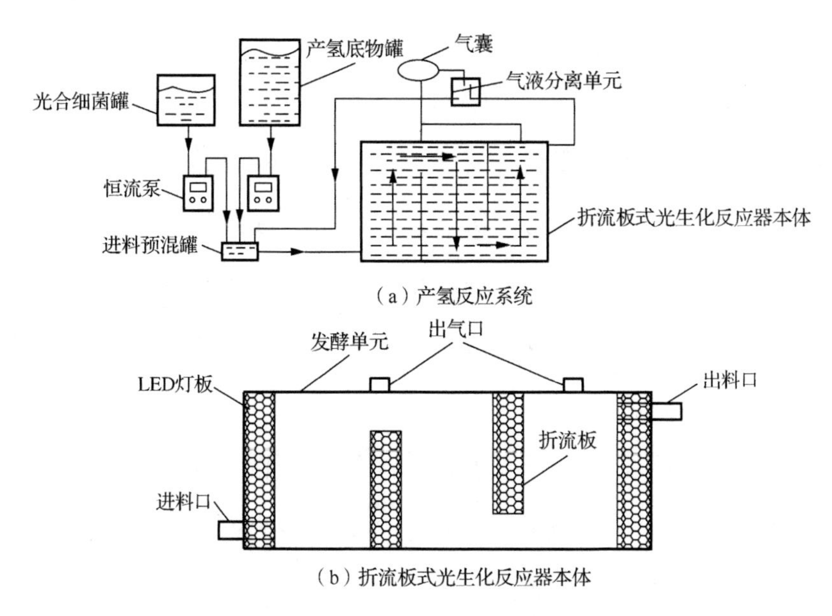

图 3.4　折流板式连续流光生化反应器产氢系统示意图

该光生化反应器的制作材料为透明有机玻璃，有效反应容积为 2L。进料单元包括光合细菌罐、产氢底物罐和进料预混罐。光合细菌罐和产氢底物罐的出口分别通过一根输液管与进料预混罐的进口连接，每根输液管上均设有一个恒流泵，进料预混罐的出口与折流板式连续流光生化反应器的进口连接，折流板式连续流光生化反应器的出口通过输液管与气液分离单元的进口连接。

常见的光生化反应器采用外部供光系统，利用白炽灯、卤素灯、钨丝灯或 LED 灯等进行照明。由于外部供光方式与反应器本体之间存在距离，且不能实现对所有光源的有效利用，因此光能利用率不高。在总结现有光合细菌产氢反应器发展现状的基础上，张志萍等创造性地将隔流板做成中空形式，隔流板在起到折流作用的同时，其中空结构可作为灯箱使用。折流板内部嵌套低耗能的 LED 灯板，实现了两个方向同时供光及采光面积最大化。连续流产氢反应过程中，利用气囊收集发酵产生的生物质气体（Zhang et al.，2015）。

折流板式连续流光生化反应器的运行采用连续进料方式，反应器的启动运行采用批次运行方式。将 2L 发酵产氢料液通过恒流泵泵入折流板式连续流光生化反应器内，厌氧发酵 42h，直到光合细菌进入对数期生长，即产氢发酵最旺盛的时刻，此时，将反应模式转为连续流操作方式，开始泵入新鲜发酵产氢料液。在对搅拌方式进行考察的实验阶段，转速为 3r/min，该流速下，水力停留时间为 42h。在考察不同水力停留时间对生物质多相流光合产氢系统的产氢情况的影响时，通过控制恒流泵转速，调节发酵产氢料液进流速度，将水力停留时间分别设置为 12h、24h、36h、48h、60h 和 72h。

3.2.4　升流式折流板式光生化反应器的运行

升流式折流板式光生化反应器生物产氢系统的结构和运行方式与

折流板式连续流光生化反应器生物产氢系统类似，该系统的装置示意图如图 3.5 所示。

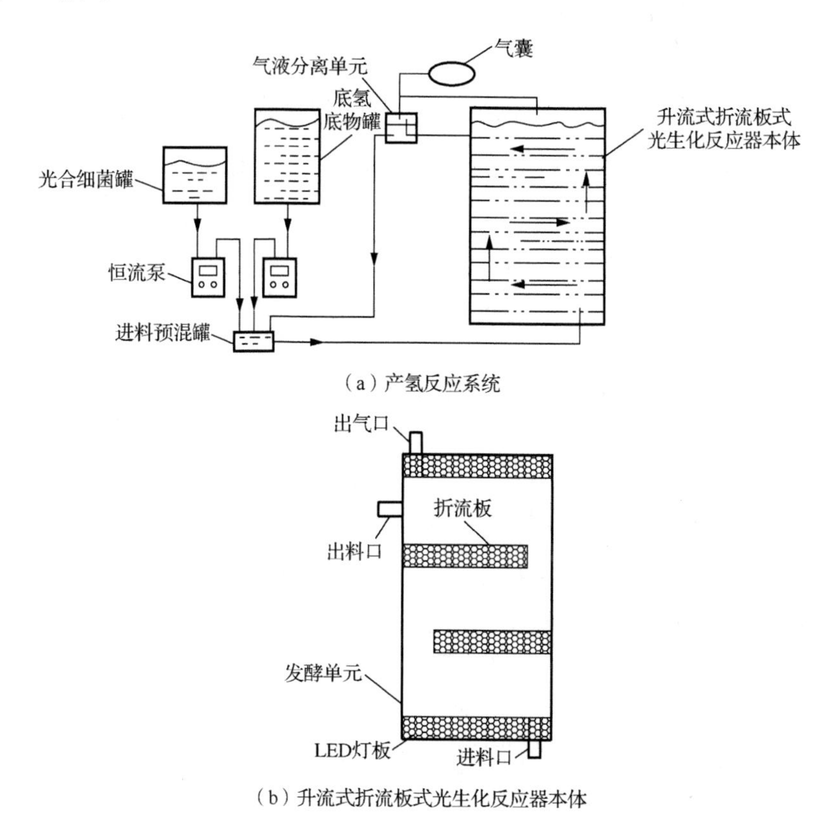

（a）产氢反应系统

（b）升流式折流板式光生化反应器本体

图 3.5　升流式折流板式光生化反应器产氢系统示意图

该反应器同样由有机玻璃制成，可利用的有效体积为 2L。折流板式连续流光生化反应器产氢系统主要由 3 个部分组成，即进料单元、反应器主体和气液分离单元。升流式折流板式光生化反应器中，产氢反应料液是由底部流入，由上部流出，因此，产氢料液在反应器内部流动不仅是由于折流板阻挡引起的推流等作用，还因为重力作用引起的重力沉降作用，在一定程度上促进了产氢微生物与发酵产氢料液的接触，且更进一步增强了生物固体的截留能力。升流式折流板式光生化反应器无运动部件，无需机械混合装置，结构相对简单，总容积利用率高，且不易阻塞，操作运行简单。

3.2.5　升流式管状光生化反应器的运行

升流式管状光生化反应器内部的发酵产氢料液的流态为推流式，其主体材料为玻璃，长度为42cm，直径为2cm，有效容积为126mL。该产氢反应系统示意图如图3.6所示。

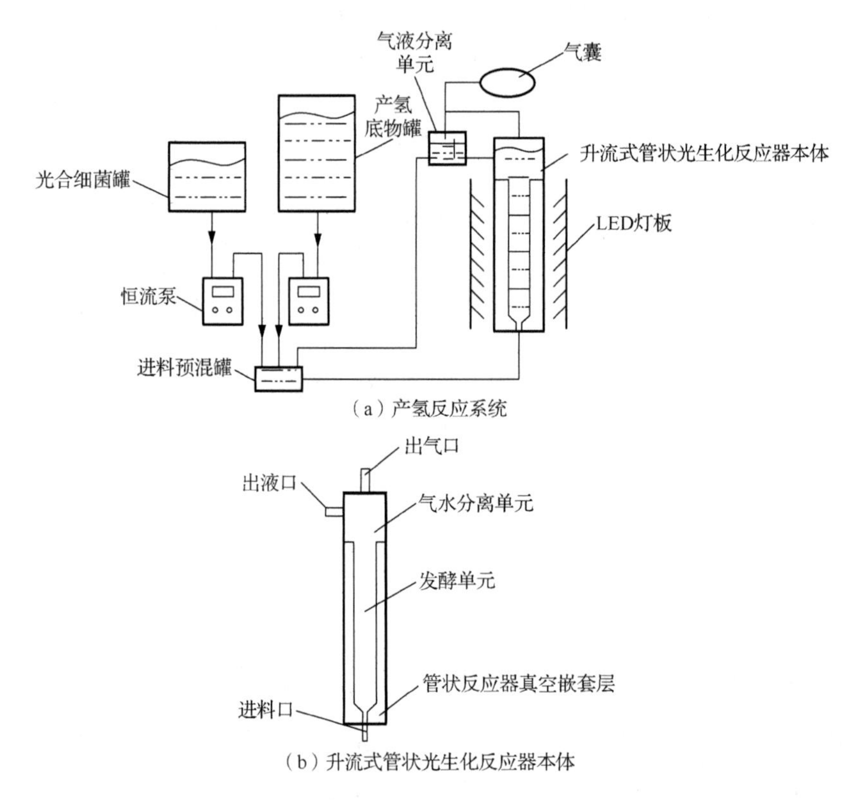

（a）产氢反应系统

（b）升流式管状光生化反应器本体

图3.6　升流式管状光生化反应器产氢系统示意图

整个系统由进料单元、反应器本体、供光单元3个部分组成。进料单元由恒流泵与进料口相连。升流式管状光生化反应器本体包括发酵单元和顶端的气液分离单元，液体自出料口流出，气体由出气口逸出，利用气囊对其进行收集。升流式管状光生化反应器系统采用LED灯板外部供光的模式创造光照环境，反应器壁面处测得的光照度为 4 000 lx。其运行方式和操作环境与折流板式连续流光生化反应器生物产氢系统一致。

3.3　搅拌方式对光合产氢过程的调控

3.3.1　搅拌方式对 pH、光合细菌生长状态及还原糖浓度的影响

利用 5 种不同的光生化反应器进行生物质多相流光合产氢，不同搅拌方式下，发酵制氢料液的 pH、光合细菌生长状态（OD_{660} 值）及还原糖的浓度的变化过程如彩图 1 所示。

从彩图 1（a）中可以看出，在 5 种不同的光生化反应器中，pH 在反应开始的 0～12h 迅速下降，12h 后下降速度变缓，直至 42h。pH 的迅速下降，可能是由于反应初期，还原糖浓度高，光合细菌利用该还原糖进行快速的生长繁殖，这一过程中产生了乙酸、丁酸等挥发性脂肪酸。12h 后，光合细菌开始利用还原糖及挥发性脂肪酸等物质进行代谢产氢。在挥发性脂肪酸产生的同时伴随着消耗，因此，pH 的下降速度放慢。序批式操作方式下的光生化反应器的 pH 仍继续小幅下跌并随着代谢产氢反应速率的提升，出现波动。而连续式操作 42h 后，将新鲜发酵产氢底物加入光生化反应器中，伴随着酸化料液的流出和中性料液的加入，反应液的 pH 出现轻微的回升，并在此后反应过程中呈现波动变化趋势。

序批式光生化反应器中，添加磁力搅拌装置的生化反应器和未添加磁力搅拌的静置状态下光生化反应器有类似的 pH 变化，但是总体趋势

来看，添加磁力搅拌装置的生化反应器的 pH 略高于静置状态下光生化反应器。同时，根据光合细菌细胞浓度 OD 值及还原糖浓度的变化情况可以发现，在 36h 时，添加磁力搅拌装置的光生化反应器内 pH 为 6.37，高于静置状态下光生化反应器的 pH（6.26），而其光合细菌细胞浓度为 1.02，仅为静置状态下光生化反应器内光合细菌细胞浓度的 71.65%，此刻的发酵产氢料液的还原糖降解率为 15.14%，而静置状态下光生化反应器的还原糖降解率为 34.19%。产氢周期结束时，添加磁力搅拌装置的光生化反应器与静置状态下光生化反应器的 pH 分别为 6.31 和 6.27，细菌浓度分别为 1.15 和 1.81，还原糖降解率分别为 39.81%和 79.62%。从结果的对比可以发现，静置状态下光生化反应器的光合细菌生长状态及产氢料液中的还原糖降解率都约是添加磁力搅拌装置光生化反应器的一半。尽管添加磁力搅拌装置的光生化反应器和静置状态下光生化反应器有相似的参数变化情况，但其在 OD_{660} 值和还原糖降解率的显著差异仍说明磁力搅拌影响光合细菌的生长。这可能是由于磁力搅拌会破坏光合细菌的结构，影响细菌的生长繁殖，导致基质降解缓慢，所生成的挥发性脂肪酸明显减少。因此，磁力搅拌光生化反应器有较高的 pH。

综上所述，磁力搅拌对光合产氢过程产生不利影响，添加磁力搅拌装置的光生化反应器不适用于生物质多相流光合产氢过程。这一结果与之前的研究结果相悖，如摇动状态下的光生化反应器会加强生物产氢效率。这可能是由两个因素引起的：一是产氢菌种的不同，二是外界条件不同。Clark 等（2012）选用厌氧发酵细菌进行产氢，因此其搅拌装置对产氢量起促进作用，而本章所选用的混合产氢菌群可能对搅拌更为敏感，易于受损，搅拌会破坏其细胞结构，妨碍其正常生长。针对 Li 等（2011）的研究结果，虽然 *R. sphaeroides* ZX-5 也是光合细菌的一种，但是从其产氢工艺可以看出，摇动状态下光合细菌培养的最佳光照度为 7 000～8 000lx，明显高于实验中提供的 4 000lx 的光照度，会影响高效产氢，这可能也是造成结果差异的原因之一。

连续式操作方式下光生化反应器的光合产氢情况也根据搅拌方式的不同而呈现不同的变化规律。从图 3.7 中可以看出，0～42h 的时间段内，连续流反应器的操作模式为序批式，因此其 pH 的变化与序批式光生化反应器的类似。前 12h 内，由于光合细菌的生长伴随基质的降解和挥发性脂肪酸的积累，各反应器中的 pH 迅速下降，42h 连续流光生化反应器操作模式由序批式转换为连续式操作，中性新鲜发酵产氢料液逐渐加入，pH 开始上升，并于 48h 后维持在 6.40～6.50。由彩图 1 可知，36h 后光合细菌的生长速度开始变慢，还原糖浓度变化不明显，挥发性脂肪酸减少。20h 后产氢速率加快，挥发性脂肪酸也开始被光合细菌利用进行代谢产氢，这也是 pH 上升的一个因素，该结果与前人的研究结果类似（Zhang et al.，2007）。

光生化反应器产氢的初期主要是光合细菌的生长并伴随着少量的代谢放氢。因此，反应初期，光合细菌持续快速增长，42h 后随着新鲜产氢料液的加入，光合细菌继续保持快速增长，到 48h 时，其 OD_{660} 值达到 2.0。折流板式连续流光生化反应器、升流式折流板式光生化反应器和升流式管状光生化反应器没有机械搅拌装置，都是依靠对反应液流态的改变，实现对产氢料液的搅拌，因此剪切应力小，光合细菌得以高速生长。然而，管状光生化反应器与折流板式光生化反应器相比，缺少折流板的阻挡，因此，在连续式操作过程中，其对光合细菌的截留能力小于折流板式连续流光生化反应器和升流式折流板式光生化反应器。测得折流板式连续流光生化反应器和升流式折流板式光生化反应器的

OD_{660} 值分别比升流式管状光生化反应器高 5.4%和 13.1%。升流式折流板式光生化反应器的截留能力最强，因此其 OD_{660} 值最大，为 2.11。

由彩图 1（c）中可以看出，各组连续流光生化反应器光合产氢系统的还原糖浓度变化情况不明显。在最初的序批式实验的 42h 中，连续流光生化反应器中的还原糖浓度变化与静置状态的光生化反应器类似，因为都没有搅拌作用，此时还原糖被光合细菌消耗进行生长。12h 后，代谢产氢过程开始，前期积累的挥发性脂肪酸首先被利用，因此还原糖浓度在 24～36h 的变化不明显。36h 后，还原糖被用来参与光合细菌的生长及代谢产氢，因此还原糖浓度的降低速率增加。当生化反应器操作方式由序批式向连续式切换时，即 42h 时，折流板式连续流光生化反应器、升流式折流板式光生化反应器和升流式管状光生化反应器的基质降解率分别为 43.62%、42.38%和 39.43%，三者基本一样。基质转化效率低的原因可能是在序批式操作方式下（0～42h），3 种光生化反应器并没有提供有效的搅拌，其细菌生长和产氢过程与其他反应器相比并没有显著提高。但是当连续式操作方式开启，折流板及升流方式对反应液流态的影响就显现出来，实现了对发酵产氢料液的搅拌，基质转化率与序批式反应过程开始呈现较大不同。连续流的操作方式还会造成营养物质和光合细菌的流失，因此，在发酵周期结束的时刻，连续流光生化反应器内的基质转化效率大约为 50%。这一效率低于静置状态的光生化反应器的基质转化率，这可能是由于还原糖等物质在流出之前没有得到充分利用，进一步揭示了连续流光生化反应器生物产氢过程中的水力停留时间对连续流反应的重要性。

光合细菌的生长及代谢产氢的最优条件为 pH 为 7 左右，因此，无论利用哪种实验装置进行光合产氢，均可满足较优 pH 的要求，因为其

pH 都在 6～7。生物产氢过程中，pH、光合细菌浓度和还原糖浓度等之间都存在相互呼应，因此在反应过程中，应对其进行耦合分析，最终确定优化条件。

3.3.2　搅拌方式对产氢情况的影响

采用不同搅拌方式的光生化反应器光合产氢系统的单位体积累积产氢量各不相同，如图 3.7 所示。有磁力搅拌装置的光生化反应器的累积产氢量最低，只达到静置状态光生化反应器的 50%左右。3 种不同结构形式的连续流光生化反应器的累积产氢量变化规律类似，即所选 3 种不同搅拌方式的光生化反应器对系统产氢情况无明显影响。光合细菌混合菌群在多种搅拌方式的光生化反应器中均能稳定生长，并有效产氢，唯有磁力搅拌方式会影响光合细菌混合菌群的生长，并最终导致产氢过程受到抑制，产氢效率降低。

利用 CurveExpert Professional 2.0.3 对光合产氢结果进行分析，绘制累积产氢量回归曲线。每组实验过程的累积产氢量变化都与改进后的 Gompertz 方程有很好的拟合度，如图 3.7 所示。不同搅拌方式下改进后的 Gompertz 方程的模型参数如表 3.1 所示。

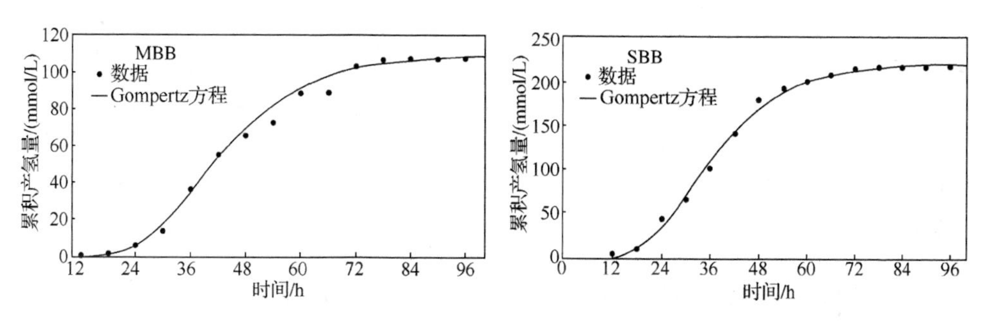

图 3.7　不同搅拌方式对光合产氢系统累积产氢量的影响

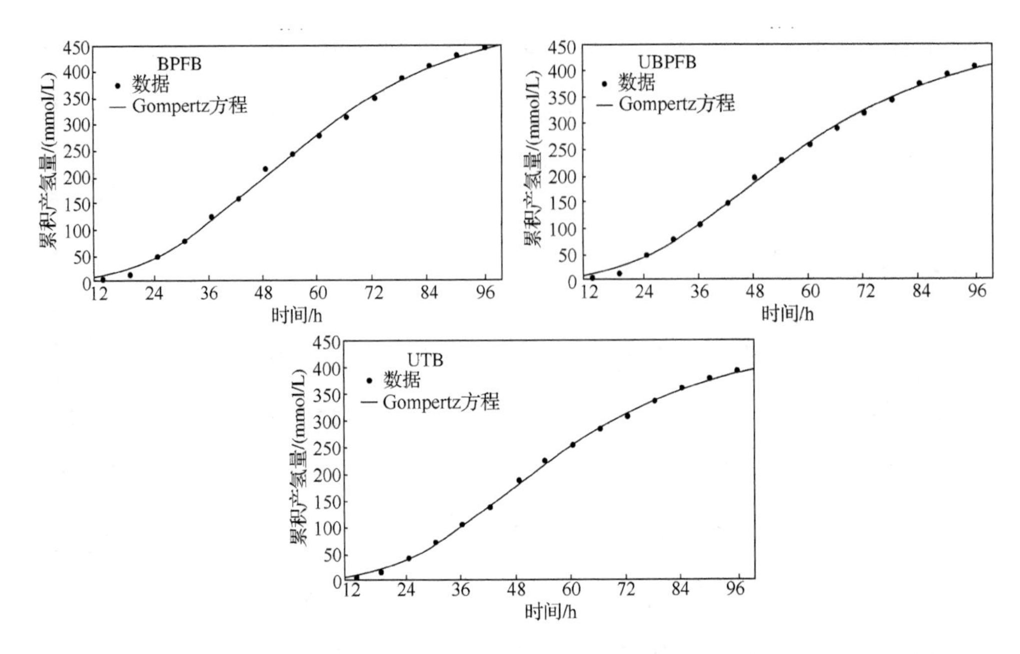

MBB—添加磁力搅拌装置的序批式光生反应器产氢系统；SBB—静置状态下的序批式光生化反应器产氢系统；BPFB—折流板式连续流光生化反应器产氢系统；UBPFB—升流式折流板式光生化反应器产氢系统；UTB—升流式管状光生化反应器产氢系统。

图 3.7（续）

表 3.1　不同搅拌方式下改进后的 Gompertz 方程的模型参数

搅拌方式	r	H_{max}/（mmol/L）	R_{max}/[mmol/（L·h）]	λ/h
MBB	0.997 7	109.69	3.16	25.10
SBB	0.998 3	220.89	6.68	19.55
BPFB	0.999	512.29	7.37	20.72
UBPFB	0.999 1	466.42	6.74	20.48
UTB	0.999 3	436.39	6.63	20.91

注：MBB—添加磁力搅拌装置的序批式光生反应器产氢系统；SBB—静置状态下的序批式光生化反应器产氢系统；BPFB—折流板式连续流光生化反应器产氢系统；UBPFB—升流式折流板式光生化反应器产氢系统；UTB—升流式管状光生化反应器产氢系统。

折流板式连续流光生化反应器产氢系统具有最大的累积产氢量和产氢速率，最大累积产氢量 H_{max} 为 512.29mmol/L，最大产氢速率 R_{max} 为 7.37mmol/（L·h）。添加磁力搅拌装置的序批式光生化反应器产氢系统累积产氢量和产氢速率最低，分别为 109.69mmol/L 和 3.16mmol/(L·h)。如图 3.7 所示，所有的连续式进料方式的光生化反应器的累积产氢量随着时间的延长持续增长，其中，折流板式连续流光生化反应器的累积产氢量增长速率最快。而序批式进料方式下，72h 后，累积产氢量基本不变，产氢反应逐渐停止。综上所述，折流板式连续流光生化反应器最利于产氢反应的进行，其所提供的搅拌方式最有利于生物质多相流光合产氢系统的运行及产氢性能的表达。由表 3.1 可知，静置状态下的序批式光生化反应器的产氢延迟时间 λ 最短，为 19.55h；添加磁力搅拌装置的序批式光生化反应器产氢系统的产氢延迟时间为 25.10h；折流板式连续流光生化反应器的产氢延迟时间相似，都在 20h 左右。利用 Gompertz 方程对不同搅拌方式下的累积产氢量进行模拟，5 种情况下的相关系数 r 均接近 1，这说明，改进后的 Gompertz 方程与数据的拟合度很高，能很好地模拟不同搅拌方式下光生化反应器的光合细菌混合菌群的产氢情况。而且，从 5 组曲线可知，磁力搅拌状态下的实验值均低于模型的预测值，进一步说明磁力搅拌不利于光合产氢反应。

3.4　水力停留时间对光合产氢过程的调控

3.4.1　水力停留时间对 pH、光合细菌生长状态及还原糖浓度的影响

通过对不同搅拌方式的光生化反应器的产氢性能进行考察，课题组研制的折流板式连续流光生化反应器被认为是 5 组不同反应器中最适宜光合产氢过程的，因其累积产氢量和产氢速率都最大，且能用于连续

流生物产氢系统，便于进一步扩大和工业化生产。

在连续光合产氢过程中，水力停留时间是影响反应器性能表达的关键因素（Zeidan et al.，2010）。因此，选用 12h、24h、36h、48h、60h 和 72h 这 6 组不同的水力停留时间，考察在一个产氢周期（96h）内，水力停留时间对折流板式连续流光生化反应器光合产氢过程的影响，以期得到最有利于基质消耗和氢气生产的最佳水力停留时间。产氢反应过程中，不同水力停留时间下的 pH、光合细菌浓度、还原糖浓度及累积产氢量的变化如彩图 2 所示。

发酵过程中，0～12h 内各水力停留时间条件下产氢料液的 pH、光合细菌生长状况及还原糖浓度变化基本相同，12h 后，才逐渐表现出差异。因为 12h 后，逐渐有新鲜发酵产氢料液加入，不同水力停留时间下加入的量和时间间隔都不相同。从彩图 2（a）可知，新鲜产氢基质加入生化反应器之前，各水力停留时间下的料液 pH 的差异不显著，新鲜产氢基质的加入，不仅稀释了已经酸化的发酵产氢料液，而且新加入的处于生长对数期的光合细菌会迅速利用反应液中的挥发性脂肪酸及还原糖等物质进行自身的生长，因此 pH 上升。随着水力停留时间由 72h 减小至 12h，产氢料液的 pH 从 6.4 变化至 6.9。从彩图 2（b）可知不同水力停留时间下的光合细菌的浓度（由 OD_{660} 值代表）。当水力停留时间由 12h 增加至 72h 时，折流板式连续流光生化反应器的 OD_{660} 值呈先增加后减小的趋势。当水力停留时间为 36h 时，OD_{660} 值最大，为 1.95。当水力停留时间为 48h 时，其 OD_{660} 值为 1.94，与最大 OD_{660} 值仅相差 0.003。对该现象出现的原因予以分析，发现当水力停留时间为 12h 和 24h 时，有充足的新鲜基质的输入，且由于流速较快，生化反应器内部的搅拌行为较剧烈。但是过高的流速同样还会造成光合细菌混合菌群的流失，使光合细菌随着反应液而排出生化反应器，因此其 OD_{660} 值最小，仅为 1.72。而当水力停留时间延长至 60h 和 72h 时，其新鲜基质与较短水力停留时间相比不够充足，但由于光合细菌生长最旺盛的时间仍有充足的还原糖供应，细菌生长并没有受到较大抑制，且其水力停留时间长，液体的流动速度较慢，有效减少了光合细菌的流出损失，因此，水力停留时间对光合细菌生长的影响不显著。

光合产氢过程中，累积产氢量的多少与光合细菌的生长状况及环境因素密切相关（Chang et al.，2004）。在折流板式连续流光生化反应器内，不管水力停留时间怎么变化，当光合细菌的浓度达到一定量后，其 OD_{660} 值基本保持不变，因此要充分考虑生物产氢过程中外界环境因素的变化对光合细菌生长状况的影响。折流板式连续流光生化反应器中，发酵产氢料液的混合是由于折流板对液体的阻挡作用实现的，水力停留时间越短，搅拌作用越大。由彩图 2（c）中可以看出不同水力停留时间对产氢料液内还原糖浓度的影响。利用测得的还原糖浓度，计算不同水力停留时间下的底物转化率。当水力停留时间从 12h 增加至 72h，折流板式连续流光生化反应器批次启动模式结束时，该时刻的发酵产氢料液的底物转化率从 15.05%增加至 73.52%。当光生化反应器处在序批式光生化产氢阶段，从彩图 2（c）中可以看出，在 24～36h，还原糖的消耗速率减慢，这可能是因为光合细菌进入一个稳定生长时期，且光合细菌对产氢料液中的挥发性脂肪酸的利用比例逐渐增大，因此还原糖的消耗量减少。当挥发性脂肪酸浓度变低，而产氢活动旺盛时，光合细菌对还原糖的代谢增强，产氢料液中的还原糖浓度又开始逐渐降低。而当光生化反应器转入连续式光合产氢阶段，还原糖浓度在小幅波动下，开始保持稳定。这可能是因为添加的新鲜基质中所包含的还原糖含量与光合细菌生长及代谢产氢的消耗量基本持平，所以光合产氢过程的底物转化率开始维持在一定水平。不同水力停留时间（12h、24h、36h、48h、60h和 72h）下，反应结束时底物转化率不同，分别为 31.24%、40.48%、44.67%、50.48%、74.10%和 77.90%。这个结果表明，较短的水力停留时间不利于产氢基质的降解；水力停留时间短，产氢料液出流速度大，光合细菌会随着液体的流出而部分流失；同时，水力停留时间较短还会造成底物在还没有被充分利用的情况下就被排出反应器。该结果与之前的研究结果相同（Chen et al.，2001）。

3.4.2　水力停留时间对产氢情况的影响

利用改进的 Gompertz 方程对累积产氢量变化进行数据拟合分析，各参数的变化如表 3.2 所示。

表 3.2　不同水力停留时间下产氢动力学参数（利用 Gompertz 方程的拟合分析）

水力停留时间/h	r	H_{max}/（mmol/L）	R_{max}/[mmol/（L·h）]	λ/h
12	0.998 1	577.11	6.09	21.18
24	0.998 9	589.21	6.98	21.42
36	0.998 6	553.55	7.78	21.50
48	0.998 5	526.41	6.99	20.91
60	0.996 3	398.64	5.56	17.66
72	0.996 1	245.60	6.43	18.39

从彩图 2（d）可以看出在 96h 的产氢周期内累积产氢量的变化。由此可知，连续流光合产氢模式有利于增加累积产氢量，水力停留时间对光合产氢过程影响显著。表 3.2 中的数值拟合结果进一步验证了不同水力停留时间对产氢情况的影响。

不同水力停留时间下的最大产氢速率均出现在 18h 后，因为此时光合细菌生长代谢最旺盛，同时发酵产氢料液中的挥发性脂肪酸和还原糖含量都很充足，有利于产氢反应的进行。当水力停留时间由 72h 降至 36h 时，累积产氢量随水力停留时间的改变迅速升高；当水力停留时间为 72h 时，累积产氢量最小，为 259.93mmol/L；水力停留时间为 36h 时，累积产氢量最大，为 482.39mmol/L，此时的产氢基质流速及流动造成的搅拌最利于产氢。但是当水力停留时间减至 24h 和 12h 时，累积产氢量又出现回落，这可能是由于流速过快，产氢基质和光合细菌的沉降附着能力太弱，光合细菌和产氢基质过度流失。同时光合细菌需要一定时间来适应新环境，水力停留时间较短不利于光合细菌的稳定和繁殖。当光生化反应器的操作模式从序批式转换为连续式时，产氢速率开始增加，这是因为新鲜基质的加入及搅拌的出现有利于光生化反应器内部的传质，产氢能力得到增强。但是当水力停留时间为 72h 时，由于在该周期内，光合细菌已经由生长代谢旺盛期逐渐进入衰亡期，新鲜基质的加入，对光合细菌的生长和代谢的刺激作用不显著。

由于改进后的 Gompertz 方程对累积产氢量的拟合效果非常好（$r>0.99$），因此，该模型可用来预测不同情况下的光合产氢情况。当水力停留时间由 12h 升至 48h 时，累积产氢量的变化情况不显著，其最大累积产氢量分别为 577.11mmol/L、589.21mmol/L、553.55mmol/L 和 526.41mmol/L。当水力停留时间为 24h 时，其累积产氢量最大。当水力停留时间为 36h 时，产氢速率最大，为 7.78mmol/（L·h）。而当水力停留时间为 60h 和 72h 时，最大累积产氢量分别为 398.64mmol/L 和 245.60mmol/L，明显低于较短水力停留时间条件下的最大累积产氢量。这说明，水力停留时间长不利于生物高效地产氢。但是同时，水力停留时间过短也不利于产氢活动的进行。分析实验结果发现，水力停留时间为 24h 最有利于折流板式光生化反应器进行光合产氢。这一结果略长于

Chang 等（2004）的研究结果，他们认为最适宜的水力停留时间为 8～20h。可能是由于水力停留时间过短，流速过快对产氢料液的扰动较大，产生较大的剪切力，影响光合细菌的生长繁殖，从而影响光合细菌混合菌群的活性。

3.5 搅拌方式和水力停留时间对光合产氢过程影响的单因素方差分析

单因素方差分析方法被用来观察不同搅拌方式和水力停留时间对光合产氢过程中 pH、OD_{660} 值、基质转化率和累积产氢量的影响。由表 3.3 中的单因素方差分析结果可知，搅拌方式和水力停留时间均对光合产氢过程有显著影响。

表 3.3 单因素方差分析结果

参数	pH		OD_{660} 值		基质转化率		累积产氢量	
	F 值	*P* 值	*F* 值	*P* 值	*F* 值	*P* 值	*F* 值	*P* 值
搅拌方式	5 362.25	1.35×10^{-12}	22.22	0.002	43.90	1.65×10^{-4}	23.21	0.001
水力停留时间	14.78	0.003	19.15	0.001	20.54	0.001	104.07	1.32×10^{-6}

由表 3.3 可知，搅拌方式对 pH、OD_{660} 值和基质转化率的影响均大于水力停留时间，而对累积产氢量的影响则小于水力停留时间。由于 *P* 值＜0.001，说明搅拌方式对 pH 和基质转化率有极显著影响，水力停留时间对累积产氢量有极显著影响。对于 OD_{660} 值，搅拌方式和水力停留时间的 *P* 值介于 0.01 和 0.001 之间，说明二者均对光合细菌生长有显著影响。综上所述，搅拌方式和水力停留时间对光合产氢过程有显著影响。

本章对不同搅拌方式和不同水力停留时间下的超微玉米芯粉酶解液的光合产氢情况进行了研究，结果表明，磁力搅拌方式不利于光合产氢过程，其对光合细菌混合菌群的生长有负面影响。序批式光合产氢过程中，磁力搅拌光生化反应器的基质转化率为 39.81%，仅为静置状态下的光生化反应器的基质转化率的 50%，而且其光合细菌浓度 OD_{660} 值为 1.15，比静置状态下的 OD_{660} 值少 0.66。最大累积产氢量和最大产氢速率也仅是静置状态下的光生化反应器的一半。在连续流光生化反应器产氢系统中，各反应器均能实现稳定高效的产氢效果。在连续流光生化反应器的序批式启动过程中，还原糖被光合细菌迅速分解利用，光合细菌混合菌群快速繁殖、生长并代谢产氢。在 42h 时，光生化反应器的操作方式转为连续式进料，新鲜基质的加入，使光合细菌代谢产氢反应剧烈，产氢速率维持在较高水平。折流板式连续流光生化反应器的产氢速率最大，为 7.37mmol/（L·h），其累积产氢量也最大，为 512.29mmol/L。因此，折流板式连续流光生化反应器是 5 种不同搅拌方式的光生化反应器中最有利于生物质多相流光合产氢的。

连续流操作方式能明显提高累积产氢量，由于新鲜基质的不断加入，产氢速率维持在较高水平。通过实验值及 Gompertz 方程的模型预测，当水力停留时间为 24h 时，其累积产氢量最大，为 589.21mmol/L，此时的底物转化率为 40.48%。

通过单因素方差分析，得出搅拌方式和水力停留时间对光合产氢过程有显著影响，对不同搅拌方式和水力停留时间光生化反应器的考察能够有效地实现光合产氢过程的优化和调控，为实现稳定高效产氢及光合产氢技术的产业化提供技术支持。

参 考 文 献

徐金兰，王志盈，李贺，2002．厌氧折流板反应器的工艺特征与处理能力[J]．西安建筑科技大学学报，34（4）：362-365．

CHANG F Y, LIN C Y, 2004. Biohydrogen production using an up-flow anaerobic sludge blanket reactor[J]. International Journal of Hydrogen Energy, 29(1): 33-39.

CHEN C C, LIN C Y, CHANG J S, 2001. Kinetics of hydrogen production with continuous anaerobic cultures utilizing sucrose as the limiting substrate[J]. Applied Microbiology and Biotechnology, 57(1-2): 56-64.

CHEN W H, SUNG S, CHEN S Y, 2009. Biological hydrogen production in an anaerobic sequencing batch reactor: pH and cyclic duration effects[J]. International Journal of Hydrogen Energy, 34(1): 227-234.

CLARK I C, ZHANG R H, UPADHYAYA S K, 2012. The effect of low pressure and mixing on biological hydrogen production via anaerobic fermentation[J]. International Journal of Hydrogen Energy, 37(15): 11504-11513.

GILBERT J J, RAY S, DAS D, 2011. Hydrogen production using *Rhodobacter sphaeroides*(OU 001)in a flat panel rocking photobioreactor[J]. International Journal of Hydrogen Energy, 36(5): 3434-3441.

KIM D H, KIM S H, KIM K Y, et al, 2010. Experience of a pilot-scale hydrogen-producing anaerobic sequencing batch reactor(ASBR) treating food waste[J]. International Journal of Hydrogen Energy, 35(4): 1590-1594.

KONGJAN P, ANGELIDAKI I, 2010. Extreme thermophilic biohydrogen production from wheat straw hydrolysate using mixed culture fermentation: Effect of reactor configuration[J]. Bioresource Technology, 101(20): 7789-7796.

LI X, WANG Y H, ZHANG S L, et al, 2009. Enhancement of phototrophic hydrogen production by *Rhodobacter sphaeroides* ZX-5 using a novel strategy—shaking and extra-light supplementation approach[J]. International Journal of Hydrogen Energy, 34(24): 9677-9685.

LI X, WANG Y, ZHANG S, et al, 2011. Effects of light/dark cycle, mixing pattern and partial pressure of H_2 on biohydrogen production by *Rhodobacter sphaeroides* ZX-5[J]. Bioresource

Technology, 102(2): 1142-1148.

SREETHAWONG T, CHATSIRIWATANA S, RANGSUNVIGIT P, et al, 2010. Hydrogen production from cassava wastewater using an anaerobic sequencing batch reactor: effects of operational parameters, COD: N ratio, and organic acid composition[J]. International Journal of Hydrogen Energy, 35(9): 4092-4102.

WON S G, LAU A K, 2011. Effects of key operational parameters on biohydrogen production via anaerobic fermentation in a sequencing batch reactor[J]. Bioresource Technology, 102(13): 6876-6883.

WU X, ZHU J, DONG C, et al, 2009. Continuous biohydrogen production from liquid swine manure supplemented with glucose using an anaerobic sequencing batch reactor[J]. International Journal of Hydrogen Energy, 34(16): 6636-6645.

ZEIDAN A A, VAN NIEL E W J, 2010. A quantitative analysis of hydrogen production efficiency of the extreme thermophile *Caldicellulosiruptor owensensis* OLT[J]. International Journal of Hydrogen Energy, 35(3): 1128-1137.

ZHANG Z P, TAY J H, SHOW K Y, et al, 2007. Biohydrogen production in a granular activated carbon anaerobic fluidized bed reactor[J]. International Journal of Hydrogen Energy, 32(2): 185-191.

ZHANG Z P, WANG Y, HU J J, et al, 2015. Influence of mixing method and hydraulic retention time on hydrogen production through photo-fermentation with mixed strains[J]. International Journal of Hydrogen Energy, 40(20): 6521-6529.

第4章　生物质多相流光合产氢体系热物理特性研究

4.1　多相流产氢体系热物理特性研究现状

微生物的生长繁殖及产物的生物合成其实是一系列的酶促反应，温度作为保证酶活性的重要条件，能够影响微生物的活性及其发酵过程中的底物转化率，与微生物利用过程密切相关（陈代杰等，1995）。不同微生物的最适生长和代谢温度均不相同，产氢微生物能够在 15～85℃进行生物产氢（Kanai et al.，2005），对其产氢能力的研究，大约 73%集中在常温发酵产氢方面（Li et al.，2007）。产氢混合菌群对温度变化非常敏感。Lee 等（2006）对产氢混合菌群在 15～34℃等一系列温度下的产氢能力进行研究，得出累积产氢量和产氢速率随着温度的升高而增大，在 30～34℃和 28～32℃时，分别得到最大累积产氢量和最大产氢速率，但是该数值明显低于在（35±1）℃的恒温环境下进行的生物产氢反应。Minnan 等（2005）也得出同样的研究结果，即当反应温度从 25℃升高到（35±1）℃时，产氢微生物的产氢能力逐渐增强。Mu 等（2006）则对 33～41℃的微生物代谢产氢能力进行考察，随着温度的升高，微生物的产氢速率及产氢量均增加，且伴随有发酵产物分布情况的变化。Lee 等（2006）通过对多种情况下发酵产氢微生物的产氢能力进行综合评价，指出随着温度的增加，产氢能力基本呈增加趋势，但是若温度变化超出常温范围，会导致产氢能力下降，这大概与微生物培养过程中的物理生化性质有关。因此，为了维持产氢微生物较高的生物活性，需要有效地控制微生物生长代谢过程中的温度变化，这是保证微生物高效表达的必要条件。

光合产氢过程中存在着大量的多相流热物理问题，不仅包括光源供应造成的光热转化、反应系统内部与周围环境之间的传热过程，还存在着光合细菌的代谢热及生化反应热等。利用秸秆类生物质粉体进行光合产氢，与利用葡萄糖等碳水化合物发酵产氢相比，又呈现出不同的产氢性能。在以秸秆类生物质粉体酶解液为发酵产氢底物时，固液比较大，有利于微生物的传质和传热过程的进行。但是受反应料液的动力黏度、浊度及均匀性等因素影响，粉体对温度的变化十分敏感，且不同粒度、不同种类的秸秆类生物质又有不同的热物理性能。因此，为了全面把握秸秆类生物质粉体多相流生物产氢系统的温度变化情况，对多相流料液的热物理性能进行研究，是掌握光合产氢过程中的传热情况的前提。对生物质多相流光合产氢过程中产氢料液的比热容和动力黏度等热物理特性进行测量分析，并对多相流内部固相产氢基质的粒径及热解特性等进行考察，通过对生物质多相流热物理特性的研究，确定光合产氢系统中的热物理参数，将为后期开展生物质多相流光合产氢体系的温度场分布和传热情况分析提供理论基础。

4.2　生物质多相流光合产氢体系热物理特性测定

4.2.1　多相流体系的动力黏度测定

利用秸秆类生物质粉酶解液作为光合产氢底物，是降低产氢成本，实现生物产氢产业化、工业化的有力保障。由前期的实验结果可知，不同粒径大小的秸秆类生物质粉体会影响酶解效率及累积产氢量，同时，也会影响生物质多相流产氢料液的动力黏度。粒径与相同底物浓度下颗粒的数量有关系，也对多相流产氢体系的传热过程有影响（Mintsa et al., 2009）。为了准确把握不同工艺条件下生物质多相流光合产氢体系热物性，本节对不同粒径及不同底物浓度的生物质多相流光合产氢体系的动力黏度变化规律进行研究，为后期传热方程及模型的建立奠定理论基础。

利用旋转动力黏度计对生物质多相流产氢料液的动力黏度进行测量，结果如表 4.1 所示。

表 4.1　不同粒径玉米芯粉的动力黏度

粒径	底物浓度为 5g/100mL 时产氢料液的动力黏度/（mPa·s）	底物浓度为 2.5g/100mL 时产氢料液的动力黏度/（mPa·s）
0.20mm	25.1	16.3
0.15mm	4.1	2.4
0.10mm	3.9	2.1
210～310nm	3.5	1.7

由表 4.1 可知，不同粒径和不同底物浓度对多相流产氢料液的动力黏度有影响。不管在何种底物浓度下，随着秸秆类生物质粉体粒径的减小，产氢料液的动力黏度减小，这与 Nguyen 等（2007）的研究结果类似。Marc Pavlik 也得到了同样的结果，其对一系列不同粒径的颗粒进行动力黏度测量，当粒径为 26μm 时，动力黏度最低。

由表 4.1 可知，当粒径从 0.20mm 减小至 0.15mm 时，动力黏度下降幅度特别大，这可能是由于当粒径为 0.20mm 时，玉米芯粉在溶液中吸水溶胀沉淀，分散性不好，利用旋转动力黏度计进行动力黏度测量时，剪切应力大。而当粒径减小至 0.15mm，玉米芯粉在溶液中的悬浮能力得到提高，玉米芯粉在溶液中的流动性增强，产氢料液的动力黏度与粒径为 0.20mm 时相比大大降低。随着粒径由 0.15mm 继续减小，玉米芯粉的悬浮性能进一步增强，且玉米芯粉颗粒间的距离增大，玉米芯粉在溶液中分散度增加，旋转测量过程中剪切应力减小，产氢料液的动力黏度降低。可以看出，粒径由 0.10mm 减至 210～310nm，动力黏度的减小量不明显，可能是由于虽然颗粒粒径大幅度减小，但相同质量的玉米芯粉颗粒数目大幅增加，颗粒间隙并没有出现大幅增加；相反，由于颗粒数目巨大，增加了颗粒间的摩擦，使超微化尺寸下生物质多相流的动力黏度下降不明显。产氢料液的动力黏度与颗粒粒径的关系如图 4.1 所示。底物浓度对生物质多相流有显著影响，底物浓度减半，动力黏度随之降低 50%左右。

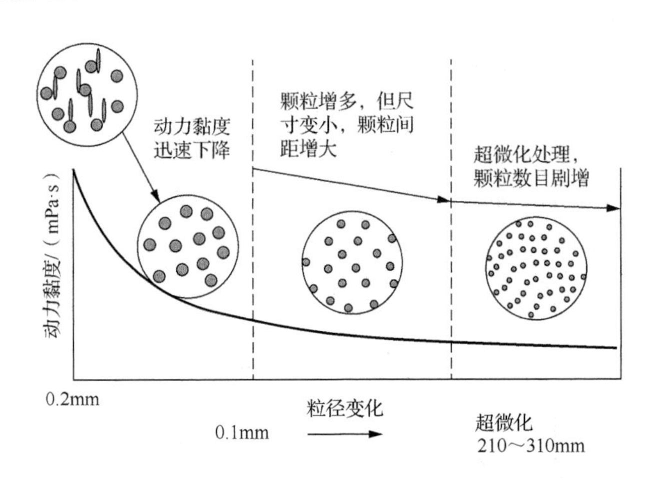

图 4.1　产氢料液动力黏度与颗粒粒径的关系

4.2.2　多相流体系的比热容测定

差示扫描量热仪测定液体比热容的依据是比热容的定义。它通过测量单位质量样品和已知参比样每升高 1K 所需要吸收的能量来计算样品的比热容。利用差示扫描量热仪对未添加碳源、以葡萄糖为碳源和以玉米芯粉酶解糖化料液为碳源的生物质多相流光合产氢料液的比热容进行测定，其结果如图 4.2 所示。

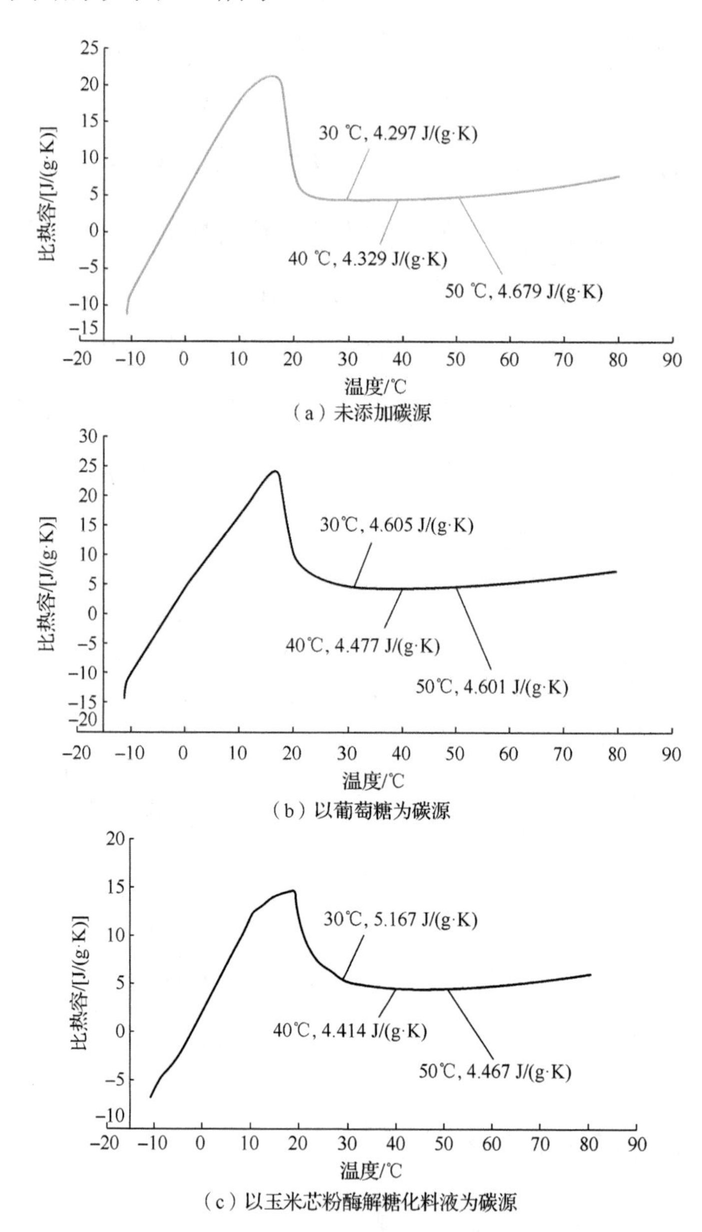

图 4.2　不同类型产氢料液多相流比热容测定结果

不同成分的产氢料液在不同温度下的比热容测量结果不同。比热容是物质之间的独特性能——键能，由物质自身的分子力或原子力等性质决定。物质不同，比热容也就不相同，相同物质的比热容是一个常数，一般键能越小，比热容越大。添加不同的碳源，会显著影响生物质光合制氢多相流的比热容。3 种碳源的产氢料液比热容均大于水的比热容［4.2×10^3J/（kg·℃）］。这说明在多相流中还存在着比热容较大的气相物质，如氢气［7.243×10^3J/（kg·℃）］。未添加碳源时产氢料液的比热容最小，以玉米芯粉酶解液为碳源时，产氢料液的比热容最大。多相流中包含有不同的物质，物质内及各物质间存在原子键、分子键或氢键等，改变温度的同时离子的活动状态也会发生改变。因此，不同温度下多相流体系的比热容有所改变。在生物质多相流产氢过程中，产氢体系置于 30℃恒温箱中，温度波动不大，均为 30～40℃，因此，在后期的传热过程计算时，生物质多相流产氢料液的比热容可近似用常数 5.167×10^3J/（g·℃）。

4.2.3　秸秆类生物质粉体的粒径测定

为了最终确定生物质多相流的热物理性质，对粒径的准确把握是重要的一步。利用激光粒度分析仪对产氢用超微玉米芯粉进行粒径测定，粒径分布如图 4.3 所示。产氢用玉米芯粉的粒径为 0.375～2 000μm，平均值为 13.75μm，中位粒径为 8.968μm。

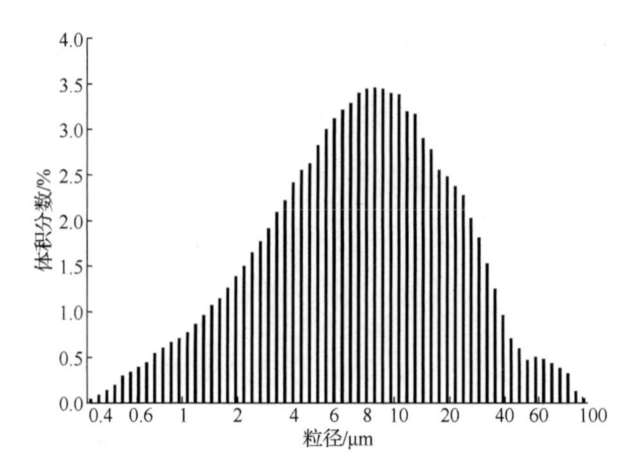

图 4.3　超微玉米芯粉粒径分布

4.2.4　秸秆类生物质热值的测定

利用氧弹式量热仪对超微玉米芯粉进行热值测定，测得其弹筒发热量为 3 724K/g，分析基高位发热量、分析基低位发热量、干基高位发热量和收到基低位发热量的值均为 3 721 K/g。

4.3　秸秆类生物质粉体的热重分析

4.3.1　秸秆类生物质粉体的成分分析

对秸秆类生物质粉体进行热重分析，首先需要把握其化学组成。经测量，5 种不同秸秆类生物质粉体（玉米秸秆、高粱秸秆、玉米芯、大豆秸秆、棉花秸秆）的组分如表 4.2 所示。

表 4.2　不同秸秆类生物质粉体的组分　　（单位：%）

原料类型	纤维素含量	半纤维素含量	木质素含量	杂质含量	含水率	挥发性总固体含量（VS）
玉米秸秆	33±0.8	28±0.4	29±0.6	10±0.6	4.0±0.3	97.44±0.4
高粱秸秆	35±0.6	26±0.6	28±0.6	11±0.5	4.2±0.2	95.35±0.7

续表

原料类型	纤维素含量	半纤维素含量	木质素含量	杂质含量	含水率	挥发性总固体含量（VS）
玉米芯	44±0.5	26±0.7	20±0.7	10±0.8	3.6±0.4	98.19±0.5
大豆秸秆	25±0.5	14±0.6	26±0.6	35±0.9	2.9±0.3	98.07±0.4
棉花秸秆	24±0.6	25±0.5	29±0.5	22±0.8	3.1±0.2	96.76±0.6

4.3.2 秸秆类生物质粉体的热解特性

利用热重分析仪在氮气气氛下对 5 种生物质粉体（玉米秸秆、高粱秸秆、玉米芯、大豆秸秆、棉花秸秆）的热失重（thermogravimetric，TG）行为进行研究。在 10℃/min 的升温速率下，不同秸秆类生物质粉体的 TG 曲线及一阶微分热重（differential thermalgravity，DTG），即热失重速率曲线如彩图 3 所示。

秸秆类生物质粉体的热解主要发生在 100℃以上，因此，待测样品中水分的蒸发等干燥过程未予以考虑。对其热失重行为的分析主要集中在 100～600℃（蔡正千，1993）。由彩图 3 可知，不同秸秆类生物质粉体的 TG 和 DTG 呈现出相似的变化趋势，说明其热解特性类似，但 DTG 和最终失重率略有不同。热解过程总体存在 3 个阶段。第一阶段发生在 0～170℃，此时主要是易挥发成分的挥发，不同秸秆类生物质粉体均有不同程度的失重现象（Sharara et al.，2014）。第二阶段是热解活跃区，物质的降解多集中在该区域，依次主要是半纤维素、纤维素和木质素的降解（Munir et al.，2009）。TG 和 DTG 的曲线可在一定程度上评价秸秆类生物质粉体的组分：半纤维素最易发生热解，热解反应主要在 220～315℃进行，热解反应结束后约有 20%的半纤维素残余；纤维素的热解则集中发生在 315～400℃，当温度高于 400℃时，纤维素成分几乎完全热解；木质素很难发生热解，其热解反应经历了整个升温过程，但 DTG 很低，反应结束后仍有 50%左右的木质素不能得到有效热解。本节中，热解活跃区从初始温度 200℃左右开始，此时主要为半纤维素的热解。纤维素的降解紧随其后，在 170～350℃，其剧烈降解造成明显失重，并在 320℃左右时，失重速率达到峰值，说明此时秸秆类生物质粉体的热分解速率达到最高（Tranvan et al.，2014）。由于半纤维素的降解温度比纤维素低，半纤维素降解“肩峰”易被纤维素降解峰覆盖，如玉米芯和玉米秸秆，因此在彩图 3 中不易观察。半纤维素的分解峰越明显，说明纤维素与半纤维素的含量之比越低（Antal et al.，1995）。第三阶段是热解消极区，温度为 375～600℃，此时快速热解后的残余物发生缓慢分解，最后生成灰分和炭。木质素的降解被认为持续时间最长，在彩图 3 中如同快速热解反应的“尾巴”，在第二阶段和第三阶段中都缓慢发生。

不同秸秆类生物质粉体的热解起始温度、峰值高度、热解活跃区跨度及残余物含量均不相同。由 TG 曲线可知，大豆秸秆类生物质粉体的木质素降解从 140℃开始，而其他秸秆类生物质粉体发生在 195℃。所选秸秆类生物质粉体中，高粱秸秆类生物质粉体具有最高的热解速率，其次是玉米芯类生物质粉体、玉米秸秆类生物质粉体、大豆秸秆类生物质粉体和棉花秸秆类生物质粉体。这可能是由各秸秆类生物质粉体组分的不同决定的。而且纤维素和半纤维素组分比例不同，热解过程中也会发生相互影响（Jin et al.，2013）。纤维素或半纤维素含量越高，在相同升温速率下峰值越高，即热解速率越快。木质素的降解温度区间最大，因此木质素的含量在一定程度上影响 DTG 曲线中的峰的宽度（胡亿明等，2014）。

图 4.4 对 10℃/min 升温速率下的 TG、DTG 和二阶失重曲线 D^2TG 进行了对比，以玉米芯类生物质粉体为例，对热解过程中各参数进行了分析。

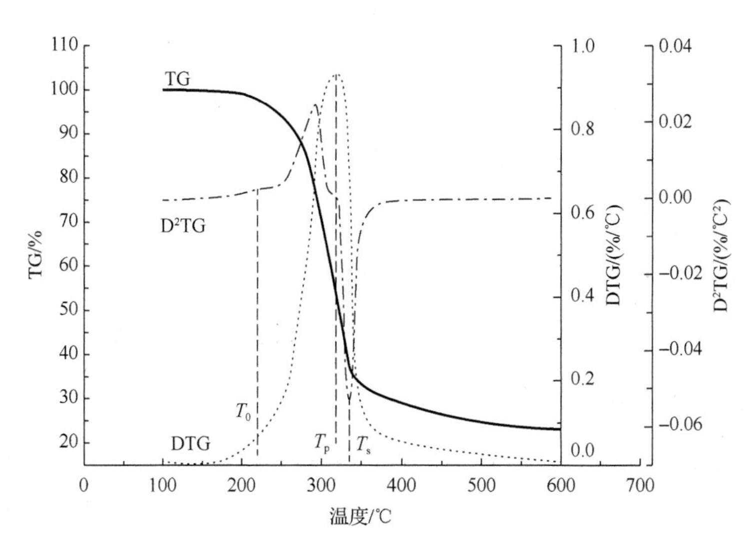

图 4.4　10℃/min 升温速率下玉米芯类生物质粉体的热解行为参数测定

图 4.4 中，T_0 为半纤维素降解的起始温度，由 D^2TG 曲线中首个峰值温度决定（Biagini et al.，2006）；T_p 为峰值温度，是指 DTG 曲线中的最大峰值温度；T_s 是最后阶段，即尾部区域开始时的转变温度，代表纤维素降解反应的结束，受木质素降解情况的影响，是 D^2TG 曲线中的最小值。各特定温度下的 TG 分别用 WL_0、WL_p 和 WL_s 表示。残余物含量代表降解反应最终时刻（温度为 600℃）的残余物质量分数。不同秸秆类生物质粉体的降解特性参数如表 4.3 所示。各参数值为 5 组不同物质相同升温速率下得到的 5 个不同值的平均值。

表 4.3　不同秸秆类生物质粉体的降解特性参数

原料类型	T_0/℃	WL_0/%	T_p/℃	WL_p/%	T_s/℃	WL_s/%	残余物含量/%	T_s–T_0/℃	WL_s–WL_0/%
大豆秸秆	214.6±5.4	3.0±0.2	327.9±11.4	46.2±0.3	346.4±12.4	59.8±0.6	23.8±0.5	131.8±7.8	56.9±0.5
高粱秸秆	197.1±7.5	2.4±0.1	335.2±12.2	49.2±1.0	345.7±12.7	59.4±1.1	25.4±0.3	148.5±5.3	56.9±1.0
棉花秸秆	212.8±7.2	3.0±0.2	320.7±13.4	43.7±1.1	335.8±13.4	54.3±1.0	27.9±0.2	123.0±6.3	51.3±0.9
玉米秸秆	237.6±7.2	3.8±0.3	326.6±12.2	43.3±0.8	340.1±12.5	54.3±0.5	29.8±0.6	102.5±6.3	50.6±0.6
玉米芯	224.7±10.0	2.0±0.2	317.7±7.0	39.5±7.5	343.2±14.2	62.7±1.0	22.9±0.3	118.5±4.8	60.7±1.0

由表 4.3 中可知，各秸秆类生物质粉体的降解特性类似。其降解的起始温度（此时 WL_0 为 2%～4%）为 197.1～237.6℃，高粱秸秆类生物质粉体起始温度最低，玉米秸秆类生物质粉体的起始温度最高，且玉米秸秆类生物质粉体具有最高的起始温度失重率，说明玉米秸秆类生物质粉体的降解最易开始。T_p 出现的温度区间为 317.7～335.2℃，此时生物质粉体迅速降解，高粱秸秆类生物质粉体的峰值温度最高，玉米芯类生物质粉体的峰值温度最低，说明在较低温度下，玉米芯类生物质粉体即可实现迅速降解。峰值温度下，各秸秆类生物质粉体的失重率从 39.5% 到 49.2%，此后各秸秆类生物质粉体仍保持高速降解直至转变温度。各秸秆类生物质粉体的 T_s 为(340±6)℃，此时各秸秆类生物质粉体的失重率约为 60%，玉米芯类生物质粉体失重率最高，说明其易降解组分含量最高。持续加热试样至 600℃，各秸秆类生物质粉体的残余物含量在 22.9%～29.8%。残余物含量的差异进一步说明不同粉体成分的不同。玉米芯类生物质粉体残余物含量最低，说明其挥发分含量最高。这与 Reed 等（2004）的研究结果类似。起始温度和转变温度之间的差异明显，从 102.5℃到 148.5℃。所选秸秆类生物质粉体的热解参数的不同归因于各自化学成分的不同。

起始温度、峰值温度、残余物含量等可用来分析秸秆类生物质粉体热物理特性，预估其成分。但在对秸秆类生物质粉体热物理特性进行深度分析时，除了对热分解参数的把握，还需要考虑其表观活化能，因为其是该物质进行各种反应的难易程度的表征，求解活化能可帮助人们预测该物质是否利于热化学转化。

4.3.3　秸秆类生物质粉体的表观活化能计算

利用 Friedman 和 Coats-Redfern（CR）方法处理数据均无法得出线

性关系，不适用于秸秆类生物质粉体活化能的计算。因此，下面只对 Flynn-Wall-Ozawa（FWO）方法、Kissinger 方法和分布式活化能模型（Distributed Activation Energy Model，DAEM）方法进行详细表述。由 Kissinger 方法求得的大豆秸秆类生物质粉体、高粱秸秆类生物质粉体、棉花秸秆类生物质粉体、玉米秸秆类生物质粉体和玉米芯类生物质粉体的活化能分别为 171.6kJ/mol、177.8kJ/mol、153.7kJ/mol、171.6kJ/mol 和 225.9kJ/mol。以玉米秸秆类生物质粉体为例，对不同升温速率（5℃/min、10℃/min、20℃/min、30℃/min 和 40℃/min）下达到不同转化率（0.1～0.9）时的活化能进行计算。FWO 方法以 $\ln\beta$ 为纵坐标、1 000/T 为横坐标作图，如图 4.5 所示。

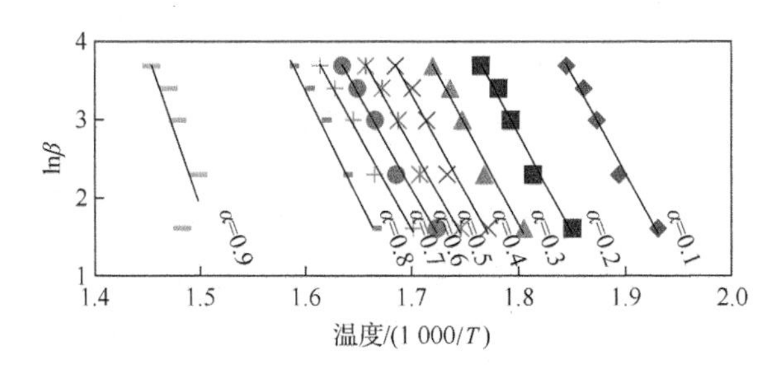

图 4.5 FWO 方法中 $\ln\beta$ 与 1 000/T 的关系

DAEM 方法以 $\ln\beta/T^2$ 为纵坐标、以 1 000/T 为横坐标作图，如图 4.6 所示。

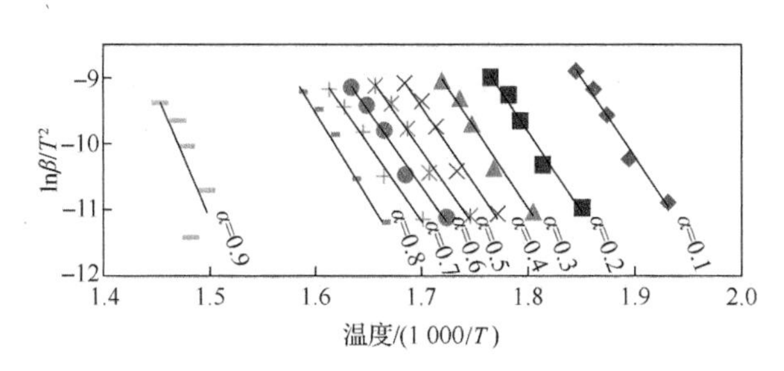

图 4.6 DAEM 方法中 $\ln\beta/T^2$ 与 1 000/T 的关系

图 4.6 中的近似平行的直线组说明，当转化率 α<0.8 时，玉米秸秆类生物质粉体的热解过程可以近似看做一级反应，而当 α>0.8 时，所得直线的斜率有了明显的变化，说明粉体的活化能发生了改变，即反应机制发生了变化。所选其他秸秆类生物质粉体表现出跟玉米秸秆类生物质粉体一样的变化规律，说明秸秆类生物质粉体的热解过程是一个多级反应。高转化率时呈现的反应机制的改变可能是由主要纤维成分的复杂反应机理引起的，这与之前有关纤维素和其他组分的热重分析的研究结论一致（Yang et al.，2006）。生物质粉体的主要热解区域温度为 197.1～346.4 ℃，热解活跃阶段结束时转化率约为 0.8，在下面的分析中着力探讨转化率 0.1～0.8 的区间。由 FWO 方法和 DAEM 方法计算不同转化率时玉米秸秆类生物质粉体的活化能如表 4.4 所示。

表 4.4　FWO 方法和 DAEM 方法所得玉米秸秆类生物质粉体的活化能

转化率 α	FWO 方法		DAEM 方法	
	E_a/（kJ/mol）	R^2	E_a/（kJ/mol）	R^2
0.1	199.6	0.984 5	201.1	0.983 2
0.2	200.6	0.983 7	201.8	0.982 2
0.3	201.2	0.982 6	202.2	0.981 0
0.4	198.4	0.982 0	199.1	0.980 3
0.5	192.9	0.986 2	193.2	0.984 8
0.6	191.1	0.987 5	191.1	0.986 2
0.7	192.7	0.989 5	192.7	0.988 4
0.8	217.7	0.993 8	218.8	0.993 2
平均值	199.3		200.0	

由表 4.4 可知，各数据线性拟合的相关系数 R^2 均大于 0.98，说明有很好的线性关系。图 4.7 将 FWO 方法、DAEM 方法和 Kissinger 方法得到的 E_a 值进行了对比。

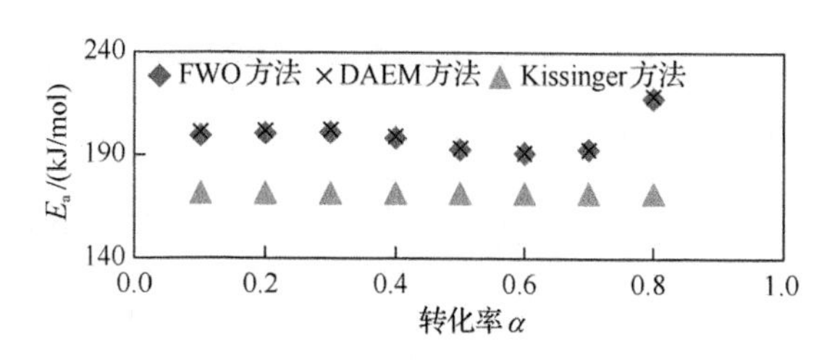

图 4.7　不同方法求得的 E_a 对比

结果表明，FWO 方法和 DAEM 方法所得结果类似，分别为 191.1～217.7kJ/mol 和 191.1～218.8kJ/mol。转化率 α 不同时，活化能不同的原因可能是在整个热解周期内，不同反应阶段的反应机理不同，如脱水干燥、去挥发分、燃烧、炭化及其他（Mansaray et al.，1999）。α 不同时，E_a 之间的差异也略有不同。当 $\alpha = 0.1$、0.2 和 0.8 时，E_a 之间的差异分别为 1.5kJ/mol、1.2kJ/mol 和 1.1kJ/mol，大于 α 分别为 0.5、0.6 和 0.7 时的 0.3kJ/mol、0kJ/mol 和 0kJ/mol。这可能是由于转化率较低或较高时，存在复杂的多级反应机理。从图 4.7 中还可看出，Kissinger 方法所得数据与 FWO 方法和 DAEM 方法所得数据有较大差距，这可能是由于此法只用了每个升温速率下的峰值温度，即最大失重速率时的温度值，结果不能很好地解释热解过程中反应机理的变化，精度不高，因此只适用于粗略估算 E_a（Bradbury et al.，1979；Mansaray et al.，1999）。

活化能随着转化率的变化而不断变化，而不是随着失重率的增加而单调递增或递减，且不同生物质粉体的变化规律也完全不同，各粉体的活化能此消彼长。但是总体来讲，玉米芯的活化能一直处在最低位置，说明在所选秸秆类生物质中，玉米芯的活化能最小，说明使其内部发生分子键断裂等一系列复杂、连续的反应需要的能量最少，即最易发生生化反应。

两种方法所得的平均表观活化能数值均接近，并有同样的排序，玉米秸秆＞高粱秸秆＞大豆秸秆＞棉花秸秆＞玉米芯。玉米芯活化能最低，说明其热稳定性最差，较易发生物理化学反应。再结合其失重率最大、残渣含量最低，说明其内部的可降解成分含量最高，易于被利用，这与之前研究所得玉米芯有最大还原糖产量和最大累积产氢量所得结论一致。可以推测，利用热重分析法对生物质粉体进行研究，结合其热解性能参数和活化能计算结果，可用于推测其内部组分，并预测其产氢潜力，与元素分析法或三素测量法相比，大大降低了测量秸秆类生物质成分的工作难度，缩短了工作时间。

4.3.4 不同粉碎工艺玉米芯粉的热解特性分析及活化能计算

利用热重分析在氮气气氛下对不同粒径的玉米芯粉进行热失重行为分析，观察粉碎工艺对玉米芯粉热物理性能的影响。所选样品为前期球磨工艺预处理实验过程中较具代表性的 4 组玉米芯粉体。其粉碎工艺分别为玉米芯粉 1（初始粒径 0.45mm，球料比 20∶1，球磨时间 2h，酶解糖化率 75.2%，粒径为 120～170nm）、玉米芯粉 2（初始粒径 0.45mm，球料比 8∶1，球磨时间 1h，酶解糖化率 52.4%，粒径为 150～180nm）、玉米芯粉 8（初始粒径 0.125mm，球料比 8∶1，球磨时间 2h，酶解糖化率 30.3%，粒径为 290～410nm）和玉米芯粉 9（初始粒径 0.125mm，球料比 3∶1，球磨时间 1 h，酶解糖化率 20.6%，粒径为 410～490nm）。同样以 10℃/min 升温速率下的热失重情况作为考察指标，不同粉碎工艺玉米芯粉的 TG 曲线及 DTG 曲线（即热失重速率曲线）如图 4.8 所示。D^2TG 曲线如图 4.9 所示。

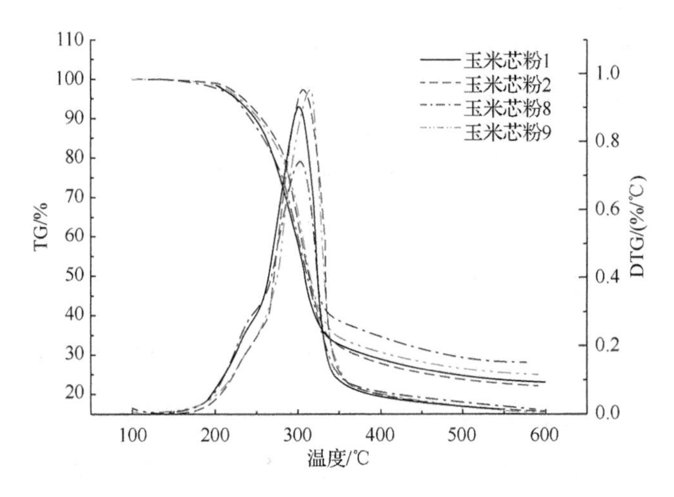

图 4.8　升温速率为 10℃/min 时不同粉碎工艺玉米芯粉的 TG 和 DTG 曲线

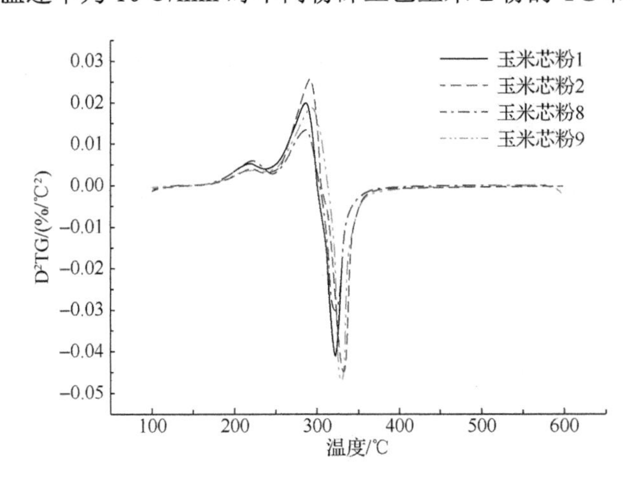

图 4.9　升温速率为 10℃/min 时不同粉碎工艺玉米芯粉的 D^2TG 曲线

与不同类型秸秆类生物质的热解行为分析类似，超微玉米芯粉的热失重同样包含 3 个阶段，且不同粉碎工艺制备的玉米芯粉的热失重行为相似。结合图 4.8 和图 4.9 可以看出，不同粉碎工艺得到的 4 种玉米芯粉有相近的热解起始温度（分别为 215.7℃、217.7℃、222.1℃和 225.7℃）和活跃热解区的温度跨度（分别为 106.4℃、113.3℃、100.0℃和 103.2℃），这说明其内部物质的成分变化不大。玉米芯粉 1 和玉米芯粉 2 的热解起始温度较玉米芯粉 8 和玉米芯粉 9 低，说明二者热稳定性差，在相对较低温度时即可发生热解反应。活跃热解区的温度跨度越大说明可降解成分含量较大，如玉米芯粉 1 和玉米芯粉 2 的半纤维素、纤维素等含量大于玉米芯粉 8 和玉米芯粉 9。同时粉碎工艺不同，所得玉米芯粉的最大热解速率（0.90%/℃、0.96%/℃、0.94%/℃和 0.75%/℃）及其对应的峰值温度（300.9℃、304.9℃、320.5℃和 302.9℃）各不相同。从残余物含量还可得出，玉米芯粉 8（28.06%）明显高于其他 3 种，玉米芯粉 1 和玉米芯粉 2 分别为 22.23%和 22.93%，玉米芯粉 9 为 24.94%。不同球磨工艺制得的玉米芯粉的热解特性不同，可能是由于球磨粉碎过程中，玉米芯粉的化学成分及结构特征发生了改变，不仅改变了粒径，还改变了不同化学成分的含量，进而影响热解特性。这与之前的假设类似，即过度球磨，会造成半纤维素等物质的过热分解（Sis，2006）。该结果进一步验证了生物质粉体热解特性的变化可在一定程度上解释其内部化学成分的差异，并预测产氢潜力。可降解成分越多，残余物含量越少，说明其纤维素、半纤维素等成分的含量越大，则其酶解糖化率越高，产氢能力越大。

从表观活化能的角度可分析不同粉碎工艺下玉米芯粉发生生化反应的难易程度（Vyazovkin et al.，1999）。根据之前的研究，这里只选用 DAEM 方法对玉米芯粉 1、玉米芯粉 2、玉米芯粉 8 和玉米芯粉 9 的活化能进行计算。表 4.5 归纳了不同粉碎工艺制得的玉米芯粉的表观活化能。

表 4.5　不同粉碎工艺制得的玉米芯粉的表观活化能

转化率	玉米芯粉 1		玉米芯粉 2		玉米芯粉 8		玉米芯粉 9	
α	E_a/（kJ/mol）	R^2	E_a/（kJ/mol）	R^2	E_a/（kJ/mol）	R^2	E_a/（kJ/mol）	R^2
0.1	134.9	0.973 2	190.7	0.983 2	134.3	0.974 7	142.9	0.995 8
0.2	142.1	0.971 6	191.3	0.982 2	136.0	0.976 6	145.8	0.995 5

续表

转化率	玉米芯 1		玉米芯 2		玉米芯 8		玉米芯 9	
α	E_a/（kJ/mol）	R^2	E_a/（kJ/mol）	R^2	E_a/（kJ/mol）	R^2	E_a/（kJ/mol）	R^2
0.3	151.9	0.972 1	194.4	0.981	141.7	0.978 0	148.6	0.995 1
0.4	157.6	0.971 8	197.9	0.980 3	147.3	0.976 7	152.4	0.994
0.5	158.3	0.971 2	201.2	0.984 8	152.2	0.976 3	155.3	0.993 4
0.6	158.2	0.969 1	204.4	0.986 2	156.8	0.974 5	156.0	0.994 3
0.7	155.3	0.968 4	206.4	0.988 4	161.8	0.972 6	156.4	0.994 3
0.8	156.1	0.965 2	212.7	0.993 2	185.9	0.947 2	160.4	0.994 6
平均	151.8		199.9		152.0		152.2	

由表 4.5 可知，玉米芯粉 1、玉米芯粉 8、玉米芯粉 9 的平均表观活化能数值接近，分别为 151.8kJ/mol、152.0kJ/mol 和 152.2kJ/mol，而玉米芯粉 2 的表观活化能为 199.9kJ/mol，远远大于其他 3 组结果。这可能是因为与其他 3 组数据相比，其原料初始粒径最大，球磨时间较短，球磨效果与其他 3 组工艺条件相比要差。活化能越低，热稳定性越差，较易发生物理化学反应。因此，玉米芯粉 1 的酶解产氢能力最大。而对玉米芯粉 8 和玉米芯粉 9 而言，虽然其活化能低，但是其可降解成分低于玉米芯粉 1 和玉米芯粉 2，因此其酶解产氢量较低。这与之前的推论一致。

在选择产氢用秸秆类生物质原料的过程中，无论是从酶解产糖量、累积产氢量等角度，还是从耗能角度考察，都应选择纤维素和半纤维素含量较高的秸秆类型。应对其热解性能进行把握，从热工角度对光合产氢原料的选择及制备工艺进行优化，为生物产氢技术的产业化发展提供技术支持。通过热失重分析方法，对用于光合生物产氢的纤维素类生物质进行成分的分析及产氢能力的预测，将在一定程度上降低确定适宜产氢基质的工作量。

4.4　秸秆类生物质傅里叶红外光谱分析

傅里叶红外光谱分析方法是分析有机化合物结构的有效工具，可以对样品进行快速的定性和定量分析，预测物质的成分组成（Tucker et al.，2000）。在利用生物质粉体进行光合生物产氢的过程中，可采用傅里叶红外光谱分析方法对其官能团进行分析，分析其化学组成。纤维素、半纤维素和木质素的红外光谱的特征吸收峰及其归属如表 4.6 所示。纤维素有 6 个独立的特征吸收峰，分别位于 2 900cm^{-1}、1 425cm^{-1}、1 370cm^{-1}、1 335cm^{-1}、1 205cm^{-1} 和 895cm^{-1} 处。半纤维素的显著特征吸收峰则主要位于波长 1 730cm^{-1}、1 606cm^{-1}、1 461cm^{-1}、1 251cm^{-1}、1 213cm^{-1}、1 166cm^{-1} 和 1 050cm^{-1} 处。木质素的特征吸收峰则在波长 1 600cm^{-1}、1 510cm^{-1}、1 467cm^{-1}、1 429cm^{-1}、1 157cm^{-1} 和 1 054cm^{-1} 处（Liu et al.，2008；Adapa et al.，2009）。

表 4.6　纤维素、半纤维素和木质素的红外光谱的特征吸收峰及其归属

吸收波峰范围/cm^{-1}	光谱归属
2 940～2 842	C—H 伸展振动（甲基、亚甲基与次甲基）
1 735～1 729	C═O 伸展振动（木聚糖和半纤维素）
1 650～1 600	象限环伸展（芳香木质素），芳环振动
1 635～1 630	C═O 伸展振动（木质素）
1 514～1 510	苯环振动伸展，芳环拉伸，芳环 C—O 伸展
1 500～1 450	C—H 变形振动（亚基和亚甲基）
1 429～1 425	C—O 微弱拉伸，—CH_2—弯曲振动（纤维素），—CH_3 弯曲振动（木质素），芳香族 C═C 拉伸
1 381～1 350	C—O 微弱拉伸
1 350～1 300	O—H 平面内形变（纤维素），C—H 弯曲振动，C—O 微弱拉伸振动
1 260～1 230	CO—OR 伸缩振动（半纤维素）
1 220～1 200	C—O 微弱拉伸，O—H 平面弯曲振动（半纤维素和纤维素）
1 170～1 150	C—O—C 伸展振动，糖苷键吸收

续表

吸收波峰范围/cm^{-1}	光谱归属
1 110～1 000	O—H 缔合光带，C—O、C＝C 和 C—O—C 伸展振动，β（1-3）多聚糖吸收
900～890	β-糖苷键振动（碳水化合物，纤维素 β-链特征峰）

利用傅里叶红外光谱分析方法对不同秸秆类生物质及不同粉碎工艺制得的玉米芯粉进行物质化学成分的官能团分析，结果如彩图 4 和彩图 5 所示。

如彩图 4 所示，5 种秸秆类生物质都属于植物纤维素，因此，其具有相似的傅里叶红外光谱谱图，但由于不同秸秆之间纤维素、半纤维素和木质素等物质的含量不同，相互作用不同，从谱图中又能看到吸收峰位置和吸收强度的略微差别。由彩图 4 可知，所有秸秆类生物质在 1 026cm^{-1} 处都有一个明显的吸收峰，吸收峰峰值强度顺序分别为玉米芯＞棉花秸秆＞高粱秸秆＞玉米秸秆＞大豆秸秆。这主要是由于纤维素、半纤维素和木质素特征官能团 C—O 拉伸或是纤维素和半纤维素的 C—O—C 键拉伸，吸收峰强度不同，说明该类物质在生物质内部的含量不同。谱图中的另一个较强的吸收峰出现在 3 310cm^{-1} 处附近，此峰源于羟基 O—H 键的振动和形变。由峰的位置可以看出，大豆秸秆和高粱秸秆此峰位置接近，分别为 3 324cm^{-1} 和 3 328cm^{-1}。玉米秸秆和玉米芯此峰位置相同，都为 3 308cm^{-1} 处，而棉花秸秆此峰的位置出现在 3 298cm^{-1} 处，吸收峰位置的不同说明键能不同，吸收峰所在波数越大，说明键能越高，振动所需的能量越大。与此峰相邻的 2 920cm^{-1} 处，存在一个明显的吸收峰，主要是源于 C—H 键的伸展振动，除玉米芯的峰位置为 2 880cm^{-1} 以外，其他 4 种秸秆类生物质的吸收峰位于 2 915cm^{-1} 与 2 920cm^{-1} 之间，且各峰的吸收强度也有所不同。随着波数的降低，各秸秆类生物质的特征吸收峰差别逐渐增大。如彩图 4 所示，大豆秸秆、高粱秸秆和棉花秸秆在 1 733cm^{-1} 处存在一个吸收峰，而玉米秸秆和玉米芯则在 1 631cm^{-1} 处出现一个较小的吸收峰，这由木质素的 C═O 伸展振动引起，吸收峰出现波数的不同，是受与其相连的基团影响。象限环骨架振动和芳环振动使除棉花秸秆以外的其他 4 种秸秆类生物质在 1 601cm^{-1} 处呈现出一个等强双峰，这是由于环上取代基不同造成吸收峰的差异。此处玉米芯和玉米秸秆的吸收峰较大豆秸秆的吸收峰更加突出，说明玉米芯和玉米秸秆的侧链结构对苯环的结构影响更为显著。1 501cm^{-1} 处的吸收峰代表 C—O 的伸展，1 423cm^{-1} 处的吸收峰取决于 CH_2 等的弯曲振动，1 244cm^{-1} 处的吸收峰则是由半纤维素中的 CO—OR 伸缩振动引起的。不同秸秆类生物质的组成类似，但是由于含量上的差异出现吸收峰峰值强度及出现位置的差异。每种物质都有独特的特征光谱，这可由 1 000～500cm^{-1} 指纹区部分的吸收带变化判断分子结构的变化，指纹区的数据信息是化合物中分子相互作用的反映，可用于鉴定分子信息（Adapa et al.，2011）。由彩图 4 可知，在该区域 5 种秸秆类生物质的指纹区谱图有明显不同，且吸光度差异明显。

彩图 5 为不同工艺条件下对玉米芯进行球磨后，制得粉体的傅里叶红外光谱谱图。由指纹区波谱的变化情况可以看出，同一种物质在经历不同的预处理方式之后，其内部分子结构和成分都有一定的变化，其中玉米芯粉 9 变化最显著，这与之前的猜测吻合，即过度球磨造成玉米芯结构破坏，粉碎过热也使其内部成分发生显著变化。由彩图 5 可知，在主要特征谱图区，玉米芯粉 1 和玉米芯粉 2 的谱图情况一致，玉米芯粉 8 和玉米芯粉 9 的谱图相似。但由于单一的傅里叶红外光谱谱图只能定性地分析内部成分而不能定量比较，因此无法知道各球磨工艺处理后的秸秆组成成分上的差异。但可以肯定，球磨预处理会使秸秆类生物质的纤维素、半纤维素和木质素的结构发生改变，并在一定程度上改变其化学组成和含量，这可以从重要官能团处的特征峰波数变化和峰值强度看出（潘彦斌等，2000）。

本研究利用我国的农业农村部可再生能源新材料与装备重点实验室、生物质能源河南省协同创新中心，以及美国路易斯安那州州立大学实验中心等多个平台的仪器设备，对生物质多相流光合产氢体系的热物性值进行测量，为后期的传热模型的构建及数值模型参数的选择提供了数据支持。

（1）利用旋转动力黏度计对不同粒径大小和底物浓度的超微玉米芯粉酶解产氢料液进行动力黏度的测定。结果可知，随着粒径的减小，多相流产氢料液动力黏度逐渐下降，当粒径由 0.20mm 减小到 0.15mm 时，动力黏度下降明显，当粒径减小到 210～310nm 时，给定浓度下的超微玉米芯粉数目巨大，在溶液中均匀分布，相互间摩擦增强，因此超微化尺寸下生物质多相流的动力黏度下降不明显。生物质多相流产氢料液的底物浓度与动力黏度值之间呈正相关关系，底物浓度越大，动力黏度越大。对不同粒径和不同底物浓度下的生物质多相流产氢料液的动力黏度进行单因素方差分析，得出底物浓度显著影响生物质多相流光合产氢料液的动力黏度。对最佳酶解工艺参数中底物浓度为 2.5g/100mL 玉米芯粉缓冲液的生物质多相流产氢料液进行动力黏度测定，得出该体系的动力黏度为 1.7mPa·s，这与利用 Einstein 动力黏度公式计算得到的动力黏度值相似。

（2）利用差示扫描量热仪对未添加碳源、以葡萄糖为碳源和以玉米芯粉酶解糖化料液为碳源的 3 种不同类型的生物质多相流光合产氢料液的比热容进行测量，得出不同成分的多相流产氢料液的比热容不相同。由于制氢体系置于 30℃恒温箱中，且产氢过程中温度波动范围不超过 40℃，在该区间内 3 种产氢料液的比热容分别为 4.297J/（g·K）、4.605J/（g·K）和 5.167J/（g·K）。三者的比热容都大于水，可能是由于生物质多相流产氢料液中存在少量的氢气气泡，造成比热容的增大。

（3）利用激光粒径分析仪对产氢用超微玉米芯粉的粒径进行测定，为 0.375～2 000μm，平均值为 13.75μm，中位粒径为 8.968μm，粒径为 1.927μm 的颗粒含量占 10%，粒径为 31.62μm 的颗粒含量占 90%。

（4）利用热重分析仪对 10℃/min 的升温速率下不同种类生物质（玉米秸秆、高粱秸秆、玉米芯、大豆秸秆、棉花秸秆）粉体及不同球磨工艺制得的玉米芯粉的热失重行为进行研究。秸秆的热解温度主要集中在 200～400℃，玉米芯活化能最低，说明其热稳定性最差，较易发生物理化学反应。再结合其失重率最大、残渣含量最低，说明其内部的可降解成分含量最高，易于被利用。球磨工艺不同，所制得的玉米芯粉的热物理性质不同，呈现不同的热解特性。活化能越低，热稳定性越差，则热解及其他生化反应越易进行。活跃热解区温度跨度越大，残余物含量越低说明物质内部的可降解成分越多，产氢潜力越大。

（5）利用傅里叶红外光谱分析方法从分子层面对产氢用不同秸秆类生物质和不同球磨工艺制得的玉米芯粉进行定性分析，发现不同类型秸秆类生物质纤维素、半纤维素和木质素组分存在差异，并进一步验证了球磨预处理对生物质粉体结构和化学组成的影响。球磨时间过长，会对秸秆类生物质产氢造成消极影响。

（6）超微玉米芯粉的弹筒发热量为 3 724K/g，分析基高位发热量、分析基低位发热量、干基高位发热量和收到基低位发热量的值均为 3 721K/g。

参 考 文 献

蔡正千，1993．热分析[M]．北京：高等教育出版社．

陈代杰，朱宝泉，1995．工业微生物菌种选育与发酵控制技术[M]．上海：上海科学技术文献出版社．

胡亿明，蒋剑春，孙云娟，等，2014．纤维素与半纤维素热解过程的相互影响[J]．林产化学与工业，22（4）：1-8．

潘彦斌，赵勇，张福义，2000．红外指纹区特点及解析[J]．现代仪器，1：1-13．

ADAPA P K, KARUNAKARAN C, TABIL L G , et al, 2009. Potential applications of infrared and Raman spectromicroscopy for agricultural biomass[J]. Agricultural Engineering International: CIGR Journal: 1-25.

ADAPA P K, SCHONENAU L G , CANAM T, et al, 2011. Quantitative analysis of lignocellulosic components of non-treated and steam exploded barley, canola, oat and wheat straw using Fourier transform infrared spectroscopy[J]. Journal of Agricultural Science and Technology, B1(12): 177-188.

ANTAL M J J, VARHEGYI G , 1995. Cellulose pyrolysis kinetics: the current state of knowledge[J]. Industrial & Engineering Chemistry Research, 34(3): 703-717.

BIAGINI E, BARONTINI F, TOGNOTTI L, 2006. Devolatilization of biomass fuels and biomass components studied by TG/FTIR technique[J]. Industrial & Engineering Chemistry Research, 45(13): 4486-4493.

BRADBURY A G W, SAKAI Y, SHAFIZADEH F, 1979. A kinetic model for pyrolysis of cellulose[J]. Journal of Applied Polymer Science, 23(11): 3271-3280.

JIN W, SINGH K, ZONDLO J, 2013. Pyrolysis kinetics of physical components of wood and wood-polymers using isoconversion method[J]. Agriculture, 3(1): 12-32.

KANAI T, IMANAKA H, NAKAJIMA A, et al, 2005. Continuous hydrogen production by the hyperthermophilic archaeon, *Thermococcus kodakaraensis* KOD1[J]. Journal of Biotechnology, 116(3): 271-282.

LEE K S, LIN P J, CHANG J S, 2006. Temperature effects on biohydrogen production in a granular sludge bed induced by activated carbon carriers[J]. International Journal of Hydrogen Energy, 31(4): 465-472.

LI C, FANG H H P, 2007. Fermentative hydrogen production from wastewater and solid wastes by mixed cultures[J]. Critical Reviews in Environmental Science and Technology, 37(1): 1-39.

LIU C F, SUN R C, QIN M H, et a1, 2008. Succinoylation of sugarcane bagasse under ultrasound irradiation[J]. Bioresource Technology, 99(5):1465-1473.

LONG M N , JIN H L, WU X B, et al, 2005. Isolation and characterization of a high H_2 producing strain *Klebsiella oxytoca* HP1 from a hot spring[J]. Research in Microbiology, 156(1): 76-81.

MANSARAY K G, GHALY A E, 1999. Kinetics of the thermal degradation of rice husks in nitrogen atmosphere[J]. Energy Sources, 21(9): 773-784.

MINTSA H A, ROY G, NGUYEN C T, et al, 2009. New temperature dependent thermal conductivity data for water-based nanofluids[J]. International Journal of Thermal Sciences, 48(2): 363-371.

MU Y, YU H Q, WANG Y, 2006. The role of pH in the fermentative H_2 production from an acidogenic granule-based reactor[J]. Chemosphere, 64(3): 350-358.

MUNIR S, DAOOD S S, NIMMO W, et al, 2009. Thermal analysis and devolatilization kinetics of cotton stalk, sugar cane bagasse and shea meal under nitrogen and air atmospheres[J]. Bioresource Technology, 100(3): 1413-1418.

NGUYEN C T, DESGRANGES F, ROY G , et al, 2007. Temperature and particle-size dependent viscosity data for water-based nanofluids-hysteresis phenomenon[J]. International Journal of Heat and Fluid Flow, 28(6): 1492-1506.

REED A R, WILLIAMS P T, 2004. Thermal processing of biomass natural fibre wastes by pyrolysis[J]. International Journal of Energy Research, 28(2): 131-145.

SHARARA M, SADAKA S, 2014. Thermogravimetric analysis of swine manure solids obtained from farrowing, and growing-finishing farms[J]. Journal of Sustainable Bioenergy Systems, 4(1): 75-86.

SIS H, 2006. Evaluation of combustion characteristics of different size elbistan lignite by using TG/DTG and DTA[J]. Journal of Thermal Analysis and Calorimetry, 88(3): 863-870.

TRANVAN L, LEGRAND V, JACQUEMIN F, 2014. Thermal decomposition kinetics of balsa wood: kinetics and degradation mechanisms comparison between dry and moisturized materials[J]. Polymer Degradation and Stability, 110: 208-215.

TUCKER M P, MITRI R K, EDDY F P, et al, 2000. Fourier transform infrared quantification of sugars in pretreated biomass liquors[C].Twenty-First Symposium on Biotechnology for Fuels and Chemicals, Totowa: Humana Press: 39-50.

VYAZOVKIN S, WIGHT C A, 1999. Model-free and model-fitting approaches to kinetic analysis of isothermal and nonisothermal data[J]. Thermochimica Acta, 340: 53-68.

YANG H, YAN R, CHEN H, et al, 2006. Influence of mineral matter on pyrolysis of palm oil wastes[J]. Combustion and Flame, 146(4): 605-611.

第 5 章　生物质多相流光合产氢体系传热模型构建

5.1　引　　言

利用秸秆类生物质作为原料进行生物能源的生产，有多种利用途径，如热化学法和生物化学法，每种反应过程中的传热、传质、传输效率都会影响产物的生成。光合产氢过程是一个复杂的物理、生物及化学反应过程，生物质多相流光合产氢体系包括不溶性物质（秸秆类生物质、光合细菌等）、可溶性催化剂（纤维素酶、各种元素添加）、气泡及蒸汽等，固液气之间的相互作用非常复杂。生物产氢过程中影响传热、传质效率的因素主要有以下几个：①秸秆类生物质的结构及化学组成；②生物质多相流组分及各相热物性；③操作工艺参数；④生化反应器的结构等。目前，对光合产氢工艺的研究多集中在生物化学方向，对生化反应器结构、各相的热物理特性的考量都还较少，对光生化反应器光合产氢过程的研究更是寥寥无几。生物质多相流光合产氢过程是一个复杂的需光生化反应。光生化反应器的光源分布、搅拌形式，生物质多相流体系的动力黏度、导热系数、比热容的不同都会影响制氢过程中的传热行为，进而影响光合产氢效率。光合细菌在光照条件下，进行生长代谢产氢，但是其对光能的利用率很低（约 10%），其余光能都以辐射形式散失，其中一部分能量就造成了产氢料液温度的升高，因此，光照强度会影响产氢体系的温度。另外，秸秆类生物质底物浓度过高，会使其在光生化反应器内团聚沉淀，使沉降层变厚。这种胶着现象的出现会造成该区域酶解还原糖类物质的堆积，并由于产物的抑制作用削弱酶活性，使纤维素及半纤维素的转化率降低（Hodge et al.，2008；Jørgensen et al.，2007）。底物浓度增加的同时，颗粒与周围液体及颗粒之间的相互作用增加，会形成稠密的悬浮液，碰撞及摩擦作用加剧，颗粒间的相互纠缠使其在多相流内部不均匀分布，因此高浓度多相流体系内部的流变特性非常复杂（Stickel et al.，2005）。该现象的出现也使热量在悬浮液中难以渗透，传热过程受到抑制，并最终影响产氢效果。光合细菌混合菌群对温度特别敏感，稳定的温度对基质降解、光能吸收、细菌生长及生化反应的进行都有益（Zhang et al.，2006）。光合产氢过程是酶促反应过程，光合细菌的高活性维持在较短的温度区间内，即 30～37℃，生化反应器内部温度分布不均、累积热过高或入射光辐射热太强等都会影响细胞生长和酶活性，导致代谢产氢速率降低，严重的甚至导致菌体的死亡（Kovacs，1993；Blakebrough et al.，1966）。因此，需要对光生化反应器内部的传热行为进行监测和控制，以使温度值维持在合适的水平。

英语中的热力学（thermodynamics）一词出现于 1840 年，其源于两个希腊语词根：therme 表示热，dynamic 表示功（Haynie，2001）。热力学主要是用来研究和描述热现象中物态变化和能量转换规律的学科，着重对物质的平衡态及准平衡态的物理和化学过程进行研究（热力学概念）。热力学分析中最基础的概念就是系统和环境，各体系都与系统所在环境存在相互作用，系统和环境由边界隔开，边界是指系统外所包围的表面。系统与环境通过边界进行物质或能量的交换（Kondepudi，2008）。任何通过表面并影响系统内能变化的因素都需要在能量平衡方程中加以考虑。

化工、生物化学等工程领域经常涉及能量传递，因此，热力学经常与其他学科相结合用于分析不同的现象。Henderson 等（1997）曾将热力学知识应用于工程实际操作中。光合产氢体系是一个复杂的热力学系统，其不仅包含物理化学性质的变化，还有生物活动的进行。热量作为生物生命周期内的重要因素，可以用于调控微生物的生长动力学，影响各反应的进行，因此把握光合产氢过程中的热量传输情况，有利于有效控制操作工艺，保持微生物活性，最终增强其产氢能力。热力学中的传热学，就是用于研究物体之间因温差存在而发生的能量传递规律的科学。传热有 3 种形式（热传导、热对流和热辐射），对生物产氢系统中的各热量传输过程进行把握，是分析生化反应器内部真实热量分布情况的基础。

物质的物性及热力学性质决定了热量传输效率，如密度、比热容、动力黏度、导热系数、扩散系数等。生化反应器在反应过程中对微生物生长代谢反应热的去除、光照的渗透、多相流的流动及其热物性等都会对生物质多相流的传热造成影响，进而影响生物产氢的效率。因此，利用生物质多相流进行光合产氢，对温度的控制是非常关键的环节。但是目前仍没有行之有效的分析光合产氢过程中温度场变化的数值模型，因此急需建立合适的模型用来分析传热过程，预测反应结果。本章将经典热力学与光生化反应器内部生物质多相流光合产氢料液的传热行为结合，对生物产氢过程中的各热量传输环节进行分析，构建基于基本物理化学过程的热动力学方程，为后期传热模型建立提供理论基础，并为反应器内部的温度控制提供指导。

5.2 生物质多相流光合产氢体系设计

5.2.1 生物质多相流光合产氢生化反应器

以还原糖浓度为 10.5g/L 的超微化玉米芯粉酶解液为产氢基质，向酶解液中添加发酵产氢培养基，用质量分数比为 50%的氢氧化钾溶液将酶解液调至中性，加入体积分数比为 20%、处在生长对数期（菌液的 OD_{660} 值为 1.0～1.5）的光合细菌混合菌群菌液。光生化反应器密封后，利用氮气对其进行吹扫，除去反应器顶空空间内残余的氧气，创造厌氧环境。将光生化反应器置于 30℃恒温培养箱内，光合制氢生化反应器所接收的光照强度为 3 000lx。光合微生物在厌氧光照条件下进行代谢产氢，气体经由洗气瓶、气体流量计后用气体采样袋进行收集保存。

建模所采用的反应器为管式光生化反应器，是光合产氢过程中常用的反应器，其有最大的表面积，能最大限度地捕捉光源（Moronia et al., 2013）。同时由于管式反应器长径比较大，其内部的光暗循环周期较短，适宜光合产氢细菌的生长。管式光生化反应器是轴对称及中心对称物体，该特征能有效简化建模分析的难度，便于对生物质多相流光合制氢过程和传热过程进行分析。管式光生化反应器光合产氢系统示意图如图 5.1 所示。

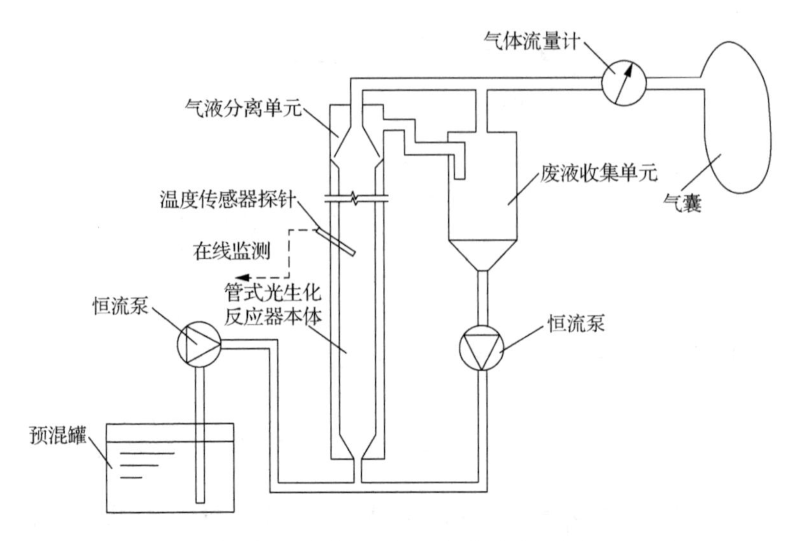

图 5.1　管式光生化反应器光合产氢系统示意图

图 5.1 中管式光生化反应器的材质为双层真空玻璃，有足够的透光性能，保证了光线的有效穿透。真空层的存在，使管式光生化反应器具有良好的保温隔热性能。根据分工不同，管式光生化反应器光合产氢系统分为以下几个单元：预混罐、恒流泵、管式光生化反应器本体、气液分离单元、废液收集单元、气体流量计、气囊、温度传感器探针。管式光生化反应器的有效反应容积为 126mL。反应启动阶段，发酵产氢料液在预混罐中进行混合后经进料管泵入管式光生化反应器本体中，恒流泵的进料速度为 4.2mL/min，即转速为 15r/min。产氢料液经由光生化反应器底物的进口扩压管在管内均匀分布，并以向上推流的形式升流前进，流向管式光生化反应器顶部的气液分离单元。气液分离单元由气囊、气液分离罐、废液储罐、出气管、出液管等部分组成。发酵产氢料液向上流至气液分离罐后，气体逸出，经出气管流入气囊；废液则通过出液管流入废液储罐中，进行循环利用或排出。温度传感器探针分别布置在进料口、出料口、反应器壁面及反应器中心位置。整套反应器都放置于

30℃恒温培养箱内，在 3 000lx 光照条件下进行光合产氢。

5.2.2　生物质多相流光合产氢体系温度监控

生物产氢过程中，温度传感器探针分别布置在进料口（A）、反应器中心（B）、出料口（C）及反应器内壁面（D），如图 5.2 所示。

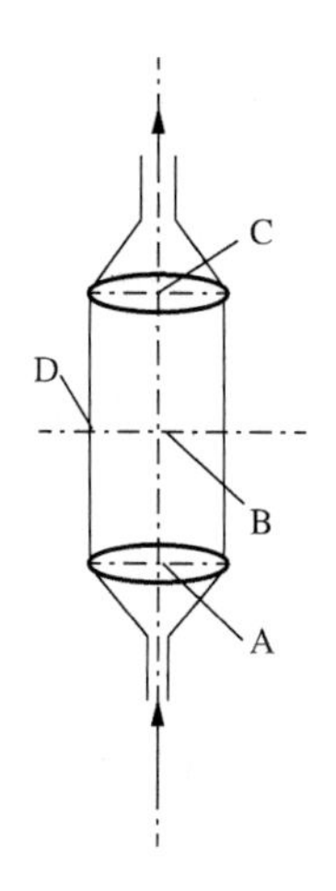

图 5.2　温度传感器探针分布

图 5.2 中 A、B、C 3 点在同一轴线上，用以反映管式生化反应器内部轴向上的温度变化；B 点和 D 点在同一横截面上，用来反映管式生化反应器径向上的温度变化情况。温度传感器探针与 YC-747UD 四通道数显记录式温度计及计算机相连，对各个测试点的温度值进行周期性的记录。

5.3　生物质多相流光合产氢体系内部温度的分析

5.3.1　管式光生化反应器内不同位置温度的连续监测

温度传感器探针分别布置在进料口（A）、反应器中心（B）、出料口（C）及反应器内壁面（D），外界环境保持在 30℃。管式光生化反应器持续运行 96h，当发酵产氢料液充满反应器时开始温度监测，观察生物质多相流在反应器内一个循环周期（30min）内不同位置的温度实际变化情况，温度记录时间间隔为 1min，监测结果如图 5.3 所示，各监测点之间的温度差如图 5.4 所示。

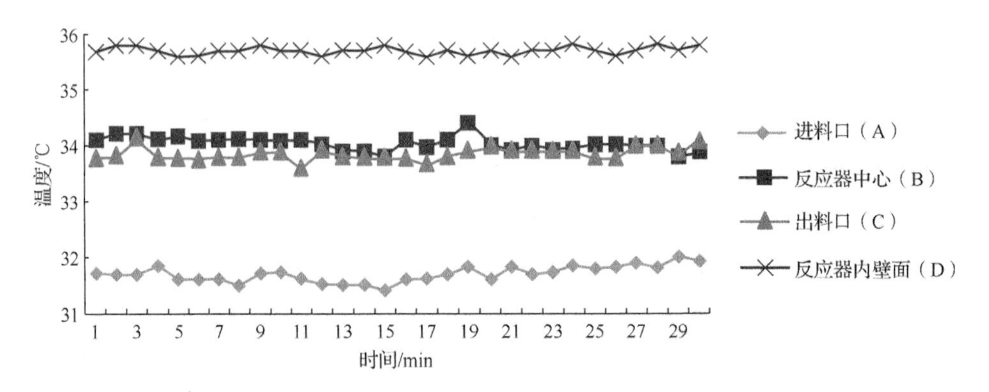

图 5.3　光合产氢过程中反应器内不同位置的温度（一个循环周期）

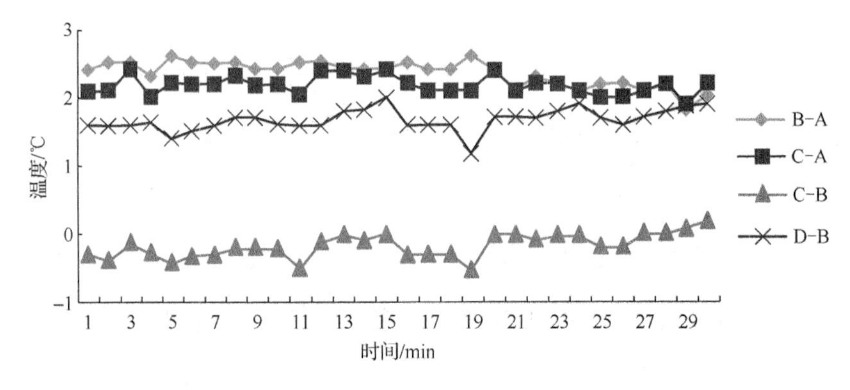

图 5.4　反应器内部各位置之间的温度差值

由图 5.3 可知，一个循环周期内，管式光生化反应器内部不同位置的温度不同，但各位置上的温度呈现稳定波动，即围绕某一范围上下浮动，但浮动范围不大。所选 4 个不同位置中，进料口（A）温度最低，为 (31.7±0.2)℃；反应器中心（B）和出料口（C）温度相近，分别为 (34.0±0.2)℃和 (33.8±0.3)℃；反应器内壁面（D）温度最高，为

(35.7±0.2)℃。结果表明，发酵产氢料液由进料口流入反应器内，在轴向方向上，随着多相流的流动，反应液通过与壁面的对流传热及内部的传热过程，温度逐渐升高，从进料口到反应器中心位置，温度迅速上升，因为该阶段料液与壁面的温差大，大约为 4℃，对流传热量大。当温度达到 34℃时，其与反应器壁面之间的温差进一步减小为 2℃左右，壁面与料液之间的温差减小，对流换热量降低，因此由反应器中心至出料口位置，温度变化不大，甚至出现了负增长。这可能是由于：一方面，由壁面吸收的热量减少；另一方面，在出料口部分热量随着气体的逸出及反应液的蒸发加速散失，使热量收支基本保持稳定。在径向方向上，反应器壁面温度最高，管内温度低于壁面温度。这可能是由于其直接接受光照辐射，辐射热在壁面累积，并与生物质多相流产氢料液进行对流换热。多相流的流动状态为定常流动，且反应器外界环境稳定，光照度恒定，反应器温度恒定，使其吸热量和散热量基本保持不变，因此在生物产氢过程中，始终稳定在(35.7±0.2)℃。而管内发酵产氢料液的热量累积主要来自于与壁面的温差而引起的对流传热，因此不同位置处，传热量不同，但均低于壁面温度。连续流操作方法下，管式光生化反应器能够有效维持反应器内部的温度恒定，且最高温度仍然在 36℃以下，即反应器内部各点温度均在有利于光合细菌生长代谢的温度范围内，光合细菌产氢能力强，不存在温度过高的抑制作用。

5.3.2　光合产氢过程中各位置温度的预测值

在前期对生物质多相流光合产氢系统传热过程分析的基础上，利用所建立的传热方程对反应器内部各位置的温度进行预测。假设壁面温度稳定在 35.7℃，壁厚 0.003m，发酵产氢料液初始温度为 31.7℃，所选微元体轴向距离为0.01m，热量由高温壁面向低温反应液传递后，随着流体流出反应器，没有在反应器内部累积。在此假设条件下，计算反应器内不同位置的温度，观察其温度场分布。传热模型中各变量的值如表5.1所示。

表5.1　传热模型中各变量的值

变量	值	变量	值
壁面比热容 c_{pw}	790J/（kg·℃）	液体比热容 c_{pf}	5 167J/（kg·℃）
壁面密度 ρ_w	2 400kg/m^3	液体密度 ρ_f	1 125kg/m^3
内壁与液体之间的换热系数 h_{in}	159.7W/（m^2·℃）	流体导热系数 λ_f	0.63W/（m^2·℃）
壁面温度 T_w	35.7℃	体定性温度下多相流流体的动力黏度 η_f	1.3×10^{-3}Pa·s
初始温度 T_0	31.7℃	换热区域内壁的面积 A_{in}	6.28×10^{-4}m^2
流速 v	4.2mL/min		

表5.1中各变量的值都是在实验基础上得到的，当反应液充满反应器后，开始进行温度测量，此时，光辐射时间为30min（1 800s），辐射热在壁面积累。管式光生化反应器运行方式转变为连续流状态后，辐射热由于向外界的散失及与反应液的对流传热等作用，在壁面的积累量基本保持不变，此时壁面温度T_w为 35.7℃时，则内壁面与多相流液体之间的对流传热量如下：

$$Q_{conv}^i = h_{in}A_{in}(T_f^i - T_w^i) = 159.7 \times 6.28 \times 10^{-4} \times (35.7 - 31.7) \approx 0.4 \text{ J}$$

式中，Q_{conv}^i为i单元内壁面与多相流液体之间的对流传热量；h_{in}为内壁与液体之间的换热系数；A_{in}为换热区域内壁的面积；T_f^i为 i 单元流体温度；T_w^i为i单元壁面温度。

热量由高温壁面向反应液进行对流传热，在径向上呈现不同温度分布，其计算过程如下：

$$Q_{\text{conv}}^{i}=\frac{2\pi\lambda l(T_{\text{w}}-T_{j})}{\ln\frac{r_{j}}{r_{\text{w}}}}=0.4$$

将表 5.1 中的数据代入上式，并进行变形，得

$$2\times3.14\times0.63\times0.01\times(35.7-T_{j})=0.4\times\ln(0.01/r_{j})$$

当 r_j 为 0.008m 时，对应的温度 $T_{0.008}$ 为 33.4℃；当 r_j 为 0.005 时，对应的温度 $T_{0.005}$ 为 28.1℃；当 j 点在管式光生化反应器轴心位置时，对应的温度 T_0 为 25.6 ℃。

由结果可知，在只考虑径向热传导时，根据传热方程得到的温度均低于实验测得的结果，这是因为，该计算过程中未考虑生化反应热的累积及轴向上温度的累积。已知，产氢旺盛阶段，生化反应的产热量为 180W/m^3，即 180J/（s·m）。温度的测量从发酵制氢料液注满反应器时起，此时反应液已反应 1 800s，则单位体积的反应液在测温初期时反应液内的生化反应热为

$$Q_{\text{生化}}=180\times1\ 800=3.24\times10^{5}\,\text{J}/\text{m}^{3}$$

生物质多相流光合产氢料液的比热容为 5 167J/（kg·℃），因此每秒钟发酵产氢料液由于生化反应热引起的温升为

$$\Delta T=Q_{\text{生化}}/c_{\text{pf}}\times m=3.24\times10^{5}/(5\ 167\times1\ 125)\approx0.06℃$$

实验中温度计的测温时间间隔为 1min，因而在此期间，发酵产氢料液的生化反应产热量使温度升高 3.6℃。

轴向上温度的积累可根据有限元分析方法下多相流的能量守恒方程式进行计算。

$$Q_{\text{conv}}^{i} + mc_{\text{f}}T_{\text{f}}^{i-1} = m_{\text{f}}c_{\text{f}}\Delta T_{\text{f}}^{i} + mc_{\text{f}}T_{\text{f}}^{i}$$

式中，Q_{conv}^{i} 为壁面与多相流流体之间的对流换热量；m 是单位时间内流过的质量，kg；c_{f} 是流体的比热，J/（kg·℃）；T_{f}^{i-1} 是第 i−1 个微元体单元的流体温度，℃；m_{f} 是流体的质量，kg；T_{f}^{i} 是第 i 个微元体单元的流体温度，℃。

综上可知，在径向的热量传导、发酵产氢料液内部的生化反应产热和轴向上的热量传递等过程的共同作用下，热量在管式光生化反应器内部进行传递，不同位置的温度不同。

本章从热力学基本理论出发，将经典热力学与光生化反应器内部生物质多相流光合产氢料液的传热行为结合，对生物产氢过程中的各热量传输环节进行了分析，为后期传热模型的建立提供了理论基础，并为反应器内部的温度控制提供了指导。

参考文献

BLAKEBROUGH N, SAMBAMURTHY K, 1966. Mass transfer and mixing rates in fermentation vessels[J]. Biotechnology and Bioengineering, 8(1): 25-42.

HAYNIE D T, 2001. Biological Thermodynamics[M]. Cambridge: Cambridge University Press.

HENDERSON S M, PERRY R L, JUONG H Y, 1997. Principles of process engineering[M]. Kisumu: Kenya Agricultural Research Institute(KARI).

HODGE D B, KARIM M N, SCHELL D J, et al, 2008. Soluble and insoluble solids contributions to high-solids enzymatic hydrolysis of lignocellulose[J]. Bioresource Technology, 99(18): 8940-8948.

JØRGENSEN H, VIBE-PEDERSEN J, LARSEN J, et al, 2007. Liquefaction of lignocellulose at high-solids concentrations[J]. Biotechnology and Bioengineering, 96(5): 862-870.

KONDEPUDI D K, 2008. Introduction to Modern Thermodynamics[M]. Chichester: Wiley.

KOVACS K L, 1993. Anoxygenic phototrophic bacteria: physiology and advances in hydrogen production technology[A]. Advances in Applied Microbiology, 38: 211-295.

MORONIA M, CICCIB A, BRAVIB M, 2013. Experimental investigation of fluid dynamics in a gravitational local recirculation photobioreactor[J]. Chemical Engineering Transaction, 32: 913-918.

STICKEL J J, POWELL R L, 2005. Fluid mechanics and rheology of dense suspensions[J]. Annual Review of Fluid Mechanics, 37: 129-149.

ZHANG Y, SHEN J, 2006. Effect of temperature and iron concentration on the growth and hydrogen production of mixed bacteria[J]. International Journal of Hydrogen Energy, 31(4): 441-446.

第6章　生物质多相流光合产氢体系温度场数值模拟

6.1　引　　言

生物质多相流光合产氢体系中，多相流内部固体颗粒、气相组分等成分的存在，使发酵产氢料液的热物理性质发生了改变，如动力黏度、导热系数、比热容等。不同结构光生化反应器的运用和操作，也使生物质多相流的流动和传热过程变得复杂，温度在光生化反应器内部分布不均匀（Froment et al.，1990）。利用实验测量及传热方程对生物质多相流光合产氢体系的传热情况进行监测和计算，工作量大、成本高，且目前许多基于有效参数法的传热模型的普适性仍有问题，容易产生误差（郭雪岩，2008）。面对复杂的多相流流动和传热过程，无法进行准确的分析和全面的把握，因此，基于数学建模方法的数值模拟技术得到迅速发展。

热是光合细菌生命活动的必备因素且对光合产氢过程有显著影响，对反应器内部传热行为的监控是调控微生物生长动力学及产氢过程的关键。CFD 方法通过数值方法对流体的流动和传递微分方程进行求解而获得流场和温度场，被广泛应用在光生化反应器设计、流体流变特性、传热及传质过程和搅拌工艺等的分析中（Mortuza et al.，2011；Zhang et al.，2014），以精确地描述生化反应器内部的速度分布、温度分布等信息。CFD 方法的应用能有效拓宽实验研究的范围，大幅减少实验工作量和成本（Dhanasekharan，2006）。Dhotre 等（2005）曾利用 CFD 方法来模拟鼓泡式反应器内部的定常稳态传热过程，Sato 等（2010）成功地利用 CFD 方法模拟了光生化反应器内部的微藻生长代谢过程。CFD 数值模拟技术有多种应用软件，能提供多种优化后的物理模型，如定常流动、层流、不可压缩流动、传热、化学反应等，针对每种物理问题，都有适合的数值解法，无须进行实验便能分析和预测实际生活中存在的各类多相流流动及传热等问题（Zhang et al.，2003；Dhotre et al.，2004）。

常见的 CFD 软件有 Fluent、ANSYS、CFX 等，其中 Fluent 是目前国际上比较流行的，所有与流体、热传递及化学反应等相关的问题均可用其进行模拟计算，因此，利用 Fluent 软件对生物质多相流光合产氢过程中光生化反应器内部的传热情况进行模拟优化，以求最大限度地提高光合产氢量。以玉米芯粉酶解糖化料液为产氢基质，考察在折流板式光反应器内部发酵产氢多相流的温度分布情况，并通过改变流体流速这一参数，分析其对传热过程的影响，进而优化传热过程。利用多通道温度记录仪对光合产氢过程中不同流速下反应器内不同位置的温度值进行监测，用以评估其与模拟值之间的差异。CFD 方法的应用能有效降低实验次数，便于参数（如光照度、环境温度、流动状态、反应器结构等）的控制调节，是优化光合产氢过程中传热行为的重要手段。

6.2　生物质多相流光合产氢体系的运行

进行数值模拟所采用的光生化反应器为折流板式光生化反应器。折流板式光生化反应器由有机玻璃制成，有利于光照渗透及观察反应器内反应过程。发酵产氢料液经过恒流泵泵入反应器本体内，首先在反应器内呈上升流动，有效地降低了死区的存在。升流加推流的流动状态，增加了发酵产氢料液在反应器内的流程，并在无额外耗能的情况下起到了搅拌的作用。LED 灯管嵌入中空折流板中，双面供光，最大限度地提高了光能利用率。折流板式连续流光生化反应器的结构及光合产氢体系示意图如图 3.4 所示。

折流板式连续流光生化反应器长 0.26m、宽 0.1m、高 0.16m，中空折流板的厚度为 0.02m，贯穿反应器横截面，即宽为 0.1m，高度为 0.14m，折流板将反应器均分为 3 份。反应器内所有管径均为 0.01m，反应器的有效反应容积为 0.002 7m^3。生物质多相流产氢料液的进料速度由恒流泵控制，为了考察不同进料速度对反应器内传热过程的影响，调整恒流泵转速及更换不同管径输液管，使进料速度控制在 0.003 6m/s、0.002 7m/s、0.001 8m/s 和 0.000 9m/s。

生物质多相流光合产氢过程中，温度传感器探针分布如图 6.1 所示。

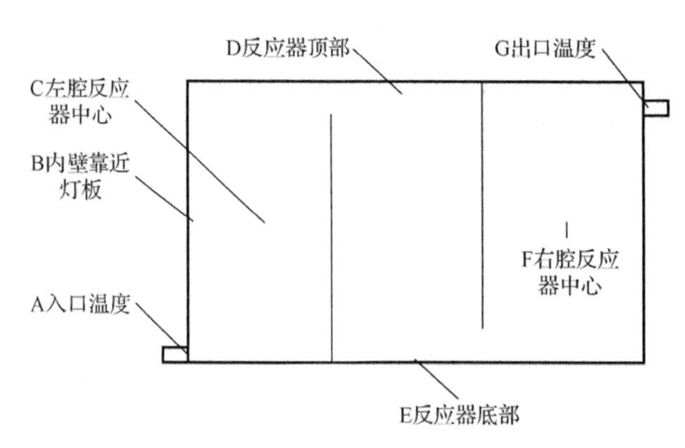

图 6.1　温度传感器探针分布

温度传感器探针与数显记录式温度计及计算机相连，对各个测试点的温度值进行周期性的记录，记录周期为系统稳定运行后 1h，记录时间间隔为 1min。

6.3　生物质多相流光合产氢体系温度场分析依据

6.3.1　生物质多相流光合产氢体系温度场分析的机理

生物质多相流光合产氢过程中，外界光辐射传热、壁面及多相流之间及多相流内部的对流和传导、生化反应热的积累等热量传输过程的存在，使光生化反应器内部存在一定的温度梯度，因此可采用傅里叶定律和能量守恒定律对光合产氢体系温度场进行分析。

傅里叶定律是分析导热过程的经典导热机理，是热传导的基础，其确定了热流密度与温度梯度之间的关系，可用下式表示：

$$\mathrm{d}Q = -k(x,y,z)\frac{\partial T}{\partial n}\mathrm{d}S\mathrm{d}t \tag{6.1}$$

式中，$\mathrm{d}Q$ 为传递的热量；$k(x,y,z)$ 为传热介质在点 (x,y,z) 处的传热系数；$\frac{\partial T}{\partial n}$ 为温度与法线方向的方向导数（即温度梯度）；$\mathrm{d}S$ 为传热截面的面积；$\mathrm{d}t$ 为热量流经的时间。

在传热介质内，取任意有限体积微元 V，根据式（6.1）可以计算从时间 t_1 到 t_2 流经微元体的全部的热量，如下式所示：

$$Q = \int_{t_1}^{t_2}\left[\iint_V k(x,y,z)\frac{\partial T}{\partial n}\mathrm{d}S\right]\mathrm{d}t \tag{6.2}$$

对式（6.2）进行积分变换，即可求得传热介质的热传导方程，如下式所示：

$$c\rho\frac{\partial T}{\partial n}=\frac{\partial}{\partial x}\left(k\frac{\partial T}{\partial x}\right)+\frac{\partial}{\partial y}\left(k\frac{\partial T}{\partial y}\right)+\frac{\partial}{\partial z}\left(k\frac{\partial T}{\partial z}\right) \tag{6.3}$$

式中，c 为传热介质的比热容；ρ 为传热介质的密度。若传热介质均匀，则传热系数 k、比热容 c 及密度 ρ 均为常数，可以将式（6.3）简化为下式：

$$\frac{\partial T}{\partial n}=c\left(\frac{\partial^2 T}{\partial x^2}+\frac{\partial^2 T}{\partial y^2}+\frac{\partial^2 T}{\partial z^2}\right) \tag{6.4}$$

若生物质多相流光合产氢体系内部存在生化反应产热，即传热介质内有热源存在，则在热传导方程中需要考虑内热源的影响。假设单位时间单位体积内的内热源为 $E(t,x,y,z)$，则含有内热源的热传导方程如下式所示：

$$c\rho\frac{\partial T}{\partial n}=\frac{\partial}{\partial x}\left(k\frac{\partial T}{\partial x}\right)+\frac{\partial}{\partial y}\left(k\frac{\partial T}{\partial y}\right)+\frac{\partial}{\partial z}\left(k\frac{\partial T}{\partial z}\right)+E(t,x,y,z) \tag{6.5}$$

由式（6.5）可知，温度场描述的是某一瞬时状态物体内各点的温度分布状态，是关于时间和空间的函数。光生化反应器的操作方式为连续流操作，且外界环境因素状态保持恒定，因此，可视为稳定运行状态下，各点温度不随时间发生变化，但随空间位置的不同而不同。所选用光生化反应器都是对称的，在对其温度场进行分析的过程中，可以取反应器内部某一截面代替整个三维反应器，将光生化反应器内部的传热情况简化为二维稳态的导热现象。该假设下，反应器内部温度只在 x、y 方向发生变化，不随时间发生变化。

光生化反应器壁面与生物质多相流之间的对流换热是由壁面及发酵产氢料液之间的温差引起的，影响因素主要有多相流流动状态、流体有无相变、换热表面的几何结构特征、流体热物性等。本节中生物质多相流流体的流动状态为层流，假设热交换过程中不存在相变，在对多相流流体的热物理性质进行测量的基础上，对折流板式反应器和管式反应器两种不同几何结构特征的光生化反应器进行对流换热分析，对流换热方程式遵循牛顿冷却定律，如下式所示：

$$Q = Ah\Delta t \tag{6.6}$$

式中，A 为对流换热面截面面积；h 为换热系数；Δt 为换热时间。对流换热过程中，换热系数受导热系数、动力黏度、密度、比热容等众多因素的影响。

生物质多相流光合产氢过程中的光源辐射热及内部生化反应热等以热量的形式影响传热过程，在计算过程中以数值形式参与计算，其数值与光照强度、产氢体系热物理性质等因素有关。

6.3.2　温度场数值模拟过程的基本控制方程

根据傅里叶定律和能量守恒定律，可对生物质多相流光合产氢体系传热介质的热量传递和温度分布进行计算，进而确定介质内的温度场。其基于能量守恒的基本控制方程可由下式表示：

$$\frac{\partial(\rho E)}{\partial t} + \nabla[V(\rho E + p)] = \nabla\left[k_{\mathrm{eff}}\nabla T - \sum\nolimits_j h_j J_j + \left(\overline{\overline{\tau_{\mathrm{eff}}}}V\right)\right] + S_{\mathrm{h}} \tag{6.7}$$

式中，$k_{\mathrm{eff}}\nabla T$ 为热传导；$\sum_j h_j J_j$ 为介质内的扩散；$\overline{\overline{\tau_{\mathrm{eff}}}}V$ 为黏性耗散；S_{h} 为内热源，本节中为光合细菌代谢产氢过程的生化反应热。

多相流中存在热传导、扩散及黏性耗散，热传导是由于系统内存在温度差，扩散则是由于系统中存在浓度差。

6.3.3 生物质多相流光合产氢体系温度场的有限元方法

描述多相流流体流动及传热过程等物理问题时通常用偏微分方程进行求解，在绝大多数情况下，求解过程非常复杂。因此，在数值模拟过程中，首先应对目标进行离散化，把在时间域和空间域上连续的场（如温度场、速度场等）用有限个离散单元的集合来代替。通过一定的原则建立各单元变量之间的代数方程组，求解离散单元的各物理量的近似值。控制方程的离散方法有有限差分法、有限元法、有限体积法、谱方法等，其中有限体积法因其计算效率高，是近年来发展迅速的离散化方法之一。有限体积法采用局部近似离散方法，计算区域被划分为一系列网格，各网格点四周都存在一个互不重叠的控制体积。有限体积法将物理量存储在网格单元的中心点，其计算过程较有限差分法更简便且准确，能在粗网格下显示准确的积分守恒。

6.4 生物质多相流光合产氢体系的 Fluent 数值模拟

6.4.1 Fluent 软件简介

利用数学方法对物体内部温度场进行求解或确定内部某点的温度需要进行大量的计算，若用实验方法进行测量，耗时耗力（李灿等，2002）。为了节约实验时间，简化实验操作，降低实验成本，数值模拟方法常被用来求解某个流动状态下的相关参数，其甚至可以被用来模拟和计算某些不可能通过实验实现的流动状态和物理问题。数值模拟方法通过电子计算机并结合有限元及有限体积等概念，将复杂的非线性差分或者积分方程简化为代数方程，通过数值计算和图像显示等方法，分析研究各物理问题。

Fluent 软件基于各种不同的物理问题，开发出适用于各领域的数值模型，可用来模拟流体流动、传热传质、化学反应等。Fluent 软件采用统一的无结构网格生成技术及图形界面，操作过程简单。利用 Fluent 软件模拟传热的基本步骤如下（王娟等，2009）。

（1）建立基本物理模型。首先对实际物理问题进行必要的简化和假设，建立相应的物理模型，如物性均匀、流动状态为层流、无壁面滑移等。

（2）建立或选择数学模型。针对所创建的物理模型选择合适的求解数学模型，给出控制方程，设定初始条件和边界条件，建立相应的数学描述。

（3）网格划分。确定物体几何形状，用 GAMBiT 软件划分网格，确定边界属性，导入 Fluent 软件检查网格，定义边界条件和流体属性，选定需要计算温度的点，实现区域的离散化。

（4）建立离散方程。按照一定的原则和规律，建立描述各点间关系的离散方程，设置和选择求解过程参数。

（5）求解方程。利用所选择和设定的求解器对代数方程进行求解，观察迭代曲线的收敛趋势。

（6）结果处理。对所获得的数值结果进行分析比较，显示温度场轮廓图及云图，观察温度分布。

6.4.2　生物质多相流光合产氢体系传热过程的建模

无论在何种条件下，流体的运动都满足动量、能量和质量守恒定律。

生物质多相流光合产氢体系的反应主体为折流板式光生化反应器，该反应器置于恒温、恒湿环境中，且由于操作方式为连续式，反应器内各处温度不随时间发生变化，即为定常流动。

假设折流板式光生化反应器内各物质分布均匀，各控制体积存在恒定的生化反应产热，由于折流板式光生化反应器光源横向分布均匀，可视为其内部温度横向方向等温分布，因此，可将该物理问题的求解转化为（x, y）坐标的二维问题。对已有物理数学模型的传热问题，在进行数值求解前，一般需经历网格划分、方程离散和方程求解 3 个过程。

折流板式光生化反应器离散化区域的选取如图 6.2 所示。

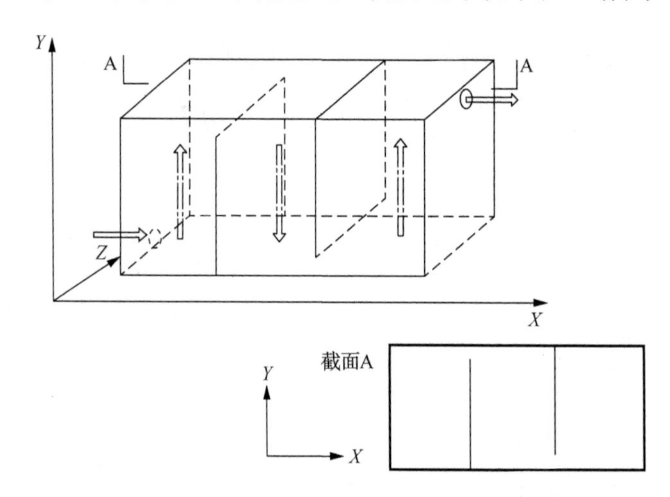

图 6.2　折流板式光生化反应器离散化区域的选取

利用能量守恒定律对折流板式光生化反应器的二维稳态导热问题进行分析，外力做功、与环境的导热量、生化反应热等都可引起总能量的变化。在不考虑多相流介质对光的吸收性和散射性，忽略相间扩散及动力黏度耗散的情况下，各向同性的流体内部的热传导可由傅里叶定律确定，控制体内含有内热源的生物质多相流的导热微分方程如下式所示：

$$\frac{\partial}{\partial x}\left(k\frac{\partial T}{\partial x}\right)+\frac{\partial}{\partial y}\left(k\frac{\partial T}{\partial y}\right)+S=0 \tag{6.8}$$

式中，x、y 表示所计算区域的位置；T 表示温度；S 表示内热源；k 为传热系数。

若想通过计算机对求解区域内的温度场变化情况进行数值计算，则离散化是第一步。且有限体积法易于理解，并能获得直接的物理解释，因此，选用有限体积法对求解区域进行离散，所研究节点 P 附近的节点和控制体界面的位置分布，如图 6.3 所示。

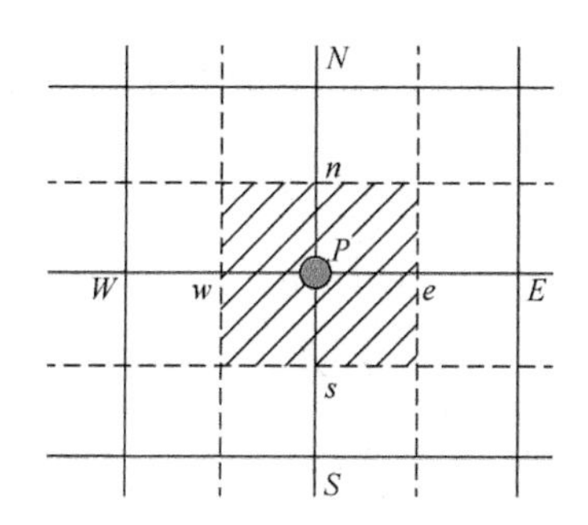

图 6.3　求解区域内研究节点 P 附近的节点和控制界面的位置分布

对利用有限体积法划分的控制体进行分析，其内部的导热微分方程的积分式如下：

$$\left[\int_s^n\int_w^e\frac{\partial}{\partial x}\left(k\frac{\partial T}{\partial x}\right)\mathrm{d}x\right]\mathrm{d}y+\left[\int_w^e\int_s^n\frac{\partial}{\partial y}\left(k\frac{\partial T}{\partial y}\right)\mathrm{d}y\right]\mathrm{d}x+\int_w^e\int_s^n S\mathrm{d}x\mathrm{d}y=0$$

$$\left[\left(k\frac{\partial T}{\partial x}\right)_e-\left(k\frac{\partial T}{\partial x}\right)_w\right]\Delta y+\left[\left(k\frac{\partial T}{\partial y}\right)_n-\left(k\frac{\partial T}{\partial y}\right)_s\right]\Delta x+(S_c+S_pT_p)\Delta x\Delta y=0$$

$$\left(k_e\frac{T_E-T_P}{\delta x_{PE}}-k_w\frac{T_p-T_W}{\delta x_{WP}}\right)\Delta y+\left(k_n\frac{T_N-T_P}{\delta y_{PN}}-k_s\frac{T_p-T_S}{\delta y_{SP}}\right)\Delta x+(S_c+S_pT_p)\Delta x\Delta y$$
$$=0$$

式中，x、y 表示所计算区域的位置；T 表示温度；S 表示内热源；k 表示传热系数；n、s、e、w 及温度和内热源下标 N、S、E、W、P 表示不同对应有限元及其温度和内热源。

对以上积分方程进行整理，得出其控制体内离散方程如下式所示：

$$\left(\frac{k_w\Delta y}{\delta x_{WP}}+\frac{k_e\Delta y}{\delta x_{PE}}+\frac{k_s\Delta x}{\delta y_{SP}}+\frac{k_n\Delta x}{\delta y_{PN}}-S_p\Delta x\Delta y\right)T_p$$
$$=\frac{k_w\Delta y}{\delta x_{WP}}T_W+\frac{k_e\Delta y}{\delta x_{PE}}T_E+\frac{k_s\Delta x}{\delta y_{SP}}T_S+\frac{k_n\Delta x}{\delta y_{PN}}T_N+S_c\Delta x\Delta y \tag{6.9}$$

折流板式光生化反应器内各控制体的二维稳态传热控制方程一般标准形式如下：

$$\begin{cases} a_pT_p=a_WT_W+a_ET_E+a_ST_S+a_NT_N+b \\ a_W=\dfrac{k_WA_W}{\delta x_{WP}};\ a_E=\dfrac{k_gA_g}{\delta x_{PE}};\ a_S=\dfrac{k_SA_S}{\delta y_{SP}};\ a_N=\dfrac{k_nA_n}{\delta x_{PN}} \\ a_P=a_W+a_E+a_S+a_N-S_p\Delta V \\ b=S_C\Delta V \\ A_w=A_e=\Delta y;\ A_s=A_n=\Delta x \\ \Delta V=\Delta x\Delta y \end{cases} \tag{6.10}$$

6.4.3 Fluent 相关模型的选择及假设

在建立了折流板式光生化反应器传热模型的基础上，利用 Fluent 中的相应模型进行数值模拟计算和图形处理，是高效快捷地处理复杂传热问题的有效手段。当计划用 Fluent 软件进行问题求解时，一般按照如下思路进行考虑：定义目标模型，即想要得到什么结果，精度要求如何；根据设定的目标选择计算模型，确定该模型的维度问题，设定边界条件及求解域的起始位置；选择合适物理模型，根据实际物理问题确定其是有黏还是无黏、层流还是湍流、定常还是非定常、可压还是不可压等；确定解的程序和格式。

针对二维稳态传热问题的分析，选用 Fluent 6.3.26 软件中的非耦合、隐式二维求解器进行传热问题的求解，并模拟折流板式光生化反应器内的温度场分布。求解域的离散化采用 GAMBiT 2.4.6 软件进行网格的划分，运行数值模拟程序的计算机配置为 Intel Xeon 2.4G Hz 处理器及 8GB 内存。

生物质多相流光合产氢体系中有均匀分布的拟静态固相物质、流动的液相介质和移动的气相介质。拟静态固相物质为光合细菌混合菌群，其利用糖类等小分子物质进行代谢产氢；流动的液相介质为添加了产氢培养基的酶解产氢料液，为光合产氢过程提供碳源及其他营养物质，其密度和动力黏度由密度计和动力黏度计测得；移动的气相介质包括光合细菌代谢产生的生物质气体，以气泡形式存在于产氢料液中，并随着液体的流动最终溢出流入气囊储存。

在生物质多相流光合产氢过程中，固相颗粒的粒径小、浓度低，且在产氢料液中均匀分布，由于产氢过程的操作方式为连续流式，光合细菌浓度保持稳定，因此可忽略其对多相流产氢料液传热过程的影响。多相流中的气相成分由于气泡体积微小，流体流动缓慢稳定，对多相流流动状态和传热性能影响甚微，也可忽略不计，即针对气泡或固相颗粒体积分数小于 10%的流体，采用离散相模型进行分析。生物质多相流光合产氢料液可简化为一个不可压缩的定常流动，固相和气相对产氢过程的影响，体现在对多相流动力黏度、比热容和导热系数的影响。在温度场模拟过程中，光辐射以稳定的壁面温度的形式参与传热过程分析。

为了进一步简化数值模拟计算过程，针对生物质多相流光合产氢系统光生化反应器结构及运行特点，对模型做如下假设：

H_1：温度梯度仅出现在光生化反应器的纵向方向上，可以采用二维平面模式对折流板式连续流光生化反应器的温度场进行模拟。

H_2：发酵产氢料液的自由液面设定为壁面，因为其法向速度可忽略不计。

H_3：传热只以热传导的形式存在，因为光辐射热和生化反应热都是以温度的形式对反应器内的温度分布起作用。

H_4：折流板式光生化反应器内部压力始终与外界大气相当，因为反应所产生的生物质气体都及时地从出气口排出，流至气囊。

H_5：固相物质——光合细菌混合菌群及反应生成的生物质气体在发酵产氢料液中均匀分布，各时间、空间下，生物质多相流的动力黏度、导热系数、比热容、密度等均不变。

H_6：折流板式连续流光生化反应器内部、进口及出口处流场均充分发展，无回流。

H_7：求解器采用压强基求解器，不必考虑介质扩散及黏性耗散。

6.4.4 折流板式连续流光生化反应器内的导热问题基本分析过程

1. Fluent 数值模拟过程的基本步骤

Fluent 可用于模拟外形结构复杂的流体流动及热传导的计算机程序，可提供完全的网格灵活性，并能根据解的具体情况对网格进行细化、粗化等修改（赵玉新，2003）。Fluent 软件用 C 语言编写而成，并使用客房-服务器（client/server）体系结构，使其在高效执行及灵活适应各类机器和操作系统的同时，能够在用户桌面工作站或服务器上运行程序。Fluent 中解的计算与显示是通过交互界面和菜单界面实现的。

利用 Fluent 进行数值模拟的过程中，首先可利用 GAMBiT 将求解域进行网格划分，或在已知边界网格情况下利用 Tgrid 生成三角网格、四面体网格或混合网格。网格划定后，由 Fluent 进行网格读入后，就可利用求解器对该问题进行计算，求解过程主要包括边界条件设定、流体物性设定、解的执行、网格的优化、结果的查看及后处理（赵玉新，2003）。

2. 网格划分

利用 Fluent 软件计算传热学问题的过程中，可利用非结构网格生成程序对求解域进行网格划分，可以生成二维的三角形网格和四边形网格，三维的四面体网格、六面体网格和混合网格，并通过计算结果进行网格的自适应调整，大大节约了计算时间。

已知折流板式光生化反应器的几何尺寸，利用 GAMBiT 软件对其进行离散化，把求解区域划分成一系列的二维四边形网格。

通过点、线、面等步骤的操作，将求解区域划分为如下网格：该网格包括 1 058 个节点、928 个四边形网格单元和 1 985 个面，其中面里包括 252 个固壁面、3 个压力出流面、3 个速度入流面及 1 727 个内壁面。

对所创建的流动区域定义边界类型：区域左边（inflow）为入口边界，类型为速度入口（velocity-inlet）；最右边（outflow）为出口边界，类型为压力出口（pressure-outlet）；其他边界均设定为壁面（wall），具有相同的属性。

3. Fluent 传热模型确认及求解问题设置

针对生物质多相流光合产氢系统传热物理问题的建模分析，本节中

Fluent 求解器模型选用 2D 求解器，为单精度求解器，可用于二维问题的计算。

确定了求解器及精度后，进入网格的读入，其操作步骤如图 6.4 所示，单击 File—Read—Case 按钮读入网格，观察其节点数、划分区域等是否正确后，单击 Grid—Check，检查网格，要注意负体积或者负面积的警告。查看网格信息，确保信息无误后，单击 Display—Grid 按钮，显示网格。

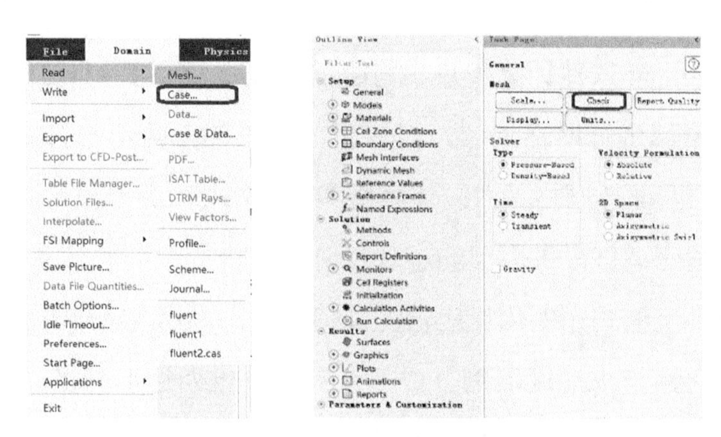

图 6.4　网格读入操作步骤

在上文对传热物理问题进行分析的基础上，对求解器参数进行设定，单击 Define—Models—Solver，打开求解器设置对话框，在不同的选项上进行参数的选择。求解器（solver）项选择独立项（segregated），公式（formulation）项选择隐式（implicit），时间（time）项选择定常（steady），速度公式（velocity formulation）项选择绝对速度（absolute），保留其他设置。求解器为压力（pressure-based）求解器，不用考虑物质扩散及黏性耗散等问题对传热过程的影响。

对折流板式光生化反应器传热问题的分析涉及温度的分布等问题，因此必须要求解能量方程，其操作步骤如图 6.5 所示，单击 Define—

Models—Energy 按钮，打开能量方程对话框，选择打开能量方程。

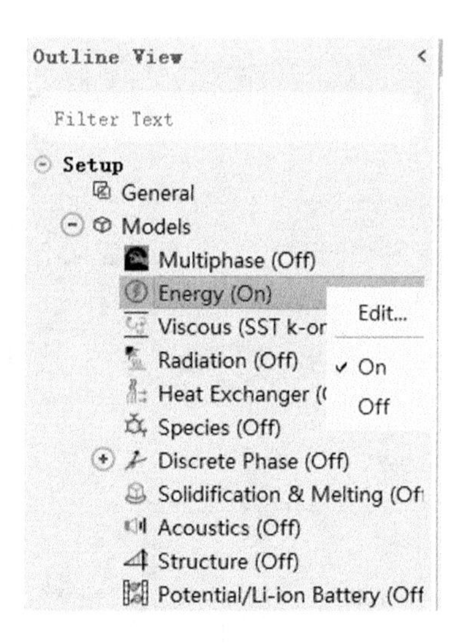

图 6.5　能量方程求解操作步骤

要对求解器进行下一步设定，必须要考虑流体的流动状态，雷诺数（Re）可用来判断流体的流态，其可用下式进行计算：

$$Re = \rho v D / \eta \tag{6.11}$$

式中，ρ 为密度；v 为速度；D 为特征尺寸，此处为入口直径；η 为动力黏度。已知生物质多相流的各物性及反应器特征尺寸，求得 $Re \ll 2\ 000$，因此湍流模型中选择层流流动。

层流模型的选择如图 6.6 所示，生物质多相流流体内部存在稳定的内热源，因此湍流模型中的黏性加热（viscous heating）选项要打开，内热源的体积发热量固定，为 180W/m^3。生物质多相流主体为液相，需要考虑重力问题，在操作条件定义过程中，激活重力项，在操作条件窗口中定义重力加速度为−9.8m/s^2，设置操作温度 303K 和密度值 1 125kg/m^3，其他参数设置保持不变。

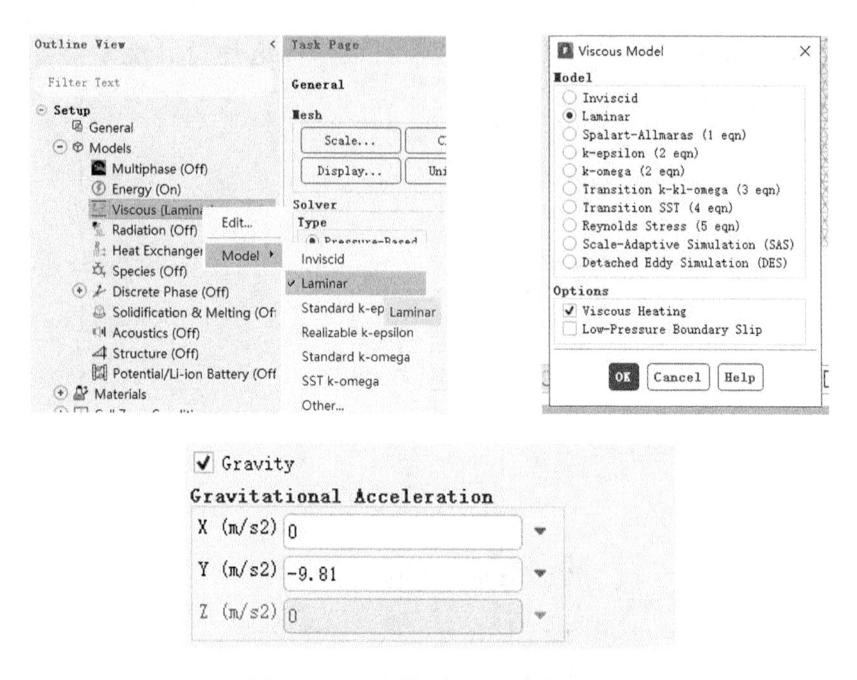

图 6.6　层流模型选择操作步骤

速度入口处的进口流速和多相流初始温度已知，分别为 0.003 6m/s 和 303K；出口设置为压力出口，压力值为静态压力（即大气压），为 101.325kPa；出口温度为 308.9K。壁面的热边界条件有如下 5 种表现形式：热流量、温度、对流换热、外部辐射、对流辐射加外部辐射。外部光辐射量稳定，且流体侧呈现定常流动，因此，选用温度作为壁面热边界条件，由实验测量结果可知，3 000lx 光照条件下，反应器壁面的温度稳定在 40℃。壁面处无滑移现象存在。

在材料物性定义过程中，创建生物质多相流（fermentation solution）这一材料，定义其物性值，发酵产氢料液的密度值 ρ 为 1 125kg/m^3，运动黏度 υ 为 1.3×10^{-3}kg/（m·s），比热容 c_p 为 5.167kJ/（kg·K），导热系数 λ 为 0.63W/（m·K）。

4. Fluent 传热模型的求解

网格划分、边界条件及材料物性设定、求解器选择等预处理工作结束后，可以进行传热模型的求解。单击 Solve—Controls—Solution，打开求解控制参数的设置对话框，将离散化（discretization）项中的密度、动量、湍流动能、湍流耗散系数、能量等选项的离散方法都选为一阶迎风格式，设置方式如图 6.7 所示。首先进行流场的初始化，然后利用 2D 求解器对该问题进行求解，设置收敛过程的临界值。对每一个需要求解的方程，Fluent 软件都会通过残差的显示描述其收敛情况，残差是用来衡量当前解与控制方程离散形式之间吻合程度的（韩占忠，2009），其相对误差残值数量级定为 10^{-5}。

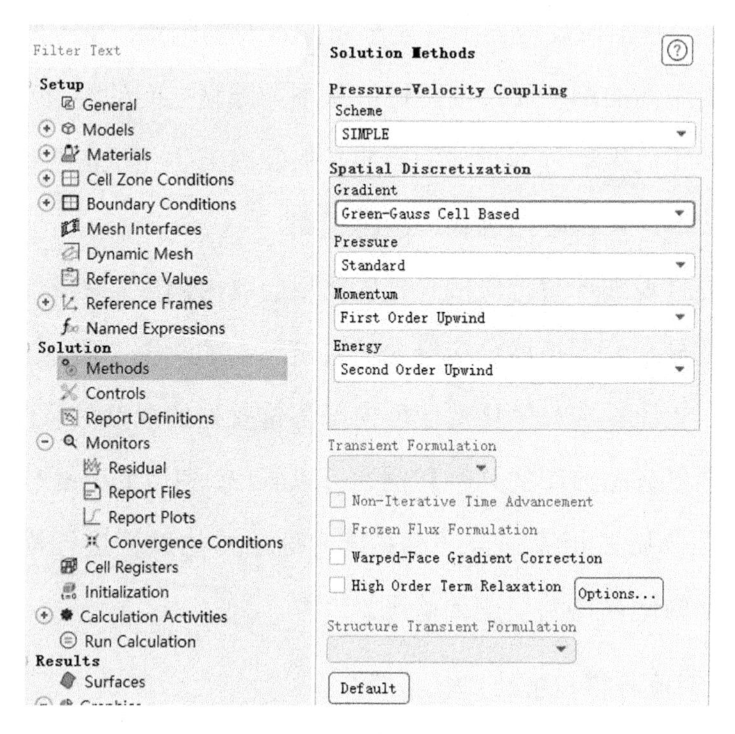

图 6.7　一阶迎风格式

残差监测对话框设置好后，将以上设置进行保存，开始进入模型迭代计算环节，迭代次数定为300。迭代计算满24次后，计算收敛。单击File—Write—Data按钮，保存计算结果。在该模型下对传热过程进行计算，迅速达到收敛，说明该模型可有效用于生物质多相流光合产氢传热问题的计算。

对反应器内温度场的分析还可通过等温线进行分析，如彩图6所示。

由彩图6可知，折流板式光生化反应器内部壁面处温度最高。这是由于光合产氢过程始终需要光照，而只有很少部分的光能会被光合细菌吸收利用，大部分以热量形式散失（Mukhanov et al.，2006）。光辐射热在壁面积累，以自然对流换热的形式在高温壁面和低温生物质产氢多相流之间传递，是影响反应器内温度分布的重要的因素。反应器内部温度随着与壁面距离的增加而逐渐降低。从不同腔室之间的温度可以看出，由于前期多相流流动过程中与壁面的换热及内部生化反应热的累积，多相流在反应器内停留时间越长，温度越高。

为了更直观地观察折流板式光生化反应器内温度场的分布，可用反应器内温度分布云图描述反应器内的温度场，如彩图7所示。

随着对折流板式光生化反应器内部各位置处的温度矢量图、等温线分布图和温度分布云图的列举和描述可以看出，利用Fluent软件中的传热模型对生物质多相流光合产氢系统内部的传热过程进行描述是可行的，且能清晰地描述温度变化情况。

5. 实测值与模拟值的比较

利用实验手段对折流板式光生化反应器内部不同位置处的温度变

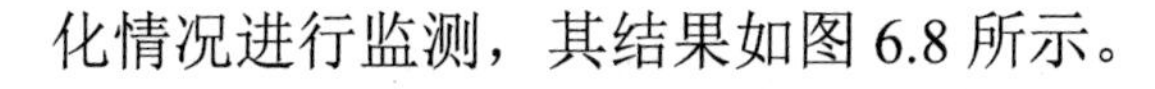
化情况进行监测，其结果如图 6.8 所示。

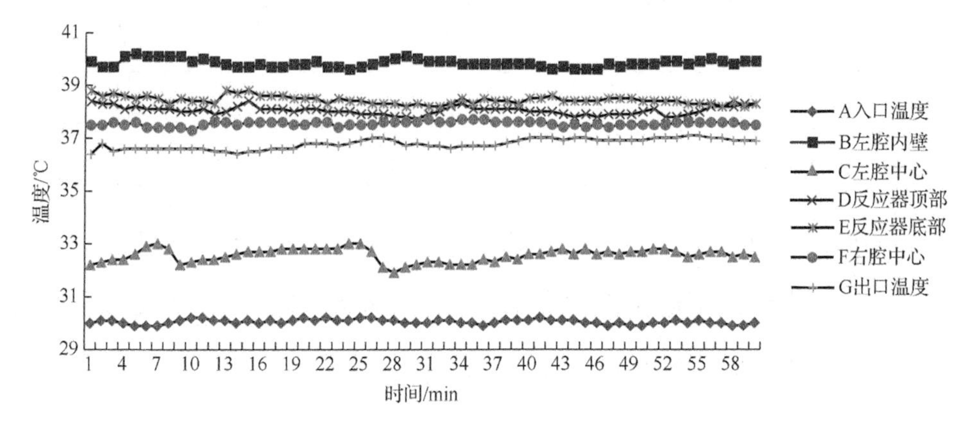

图 6.8　折流板式光生化反应器内部各位置温度的实测值

入口温度和左腔中心位置温度最低，这是由于生物质多相流光合产氢料液由外界进入折流板式光生化反应器内部，通过其与壁面的热量交换及不同温度之间的热传导而升温，随着反应料液流程的增加，反应料液温度逐渐增加，右腔中心温度较左腔中心温度约高 5℃，这与关于 X 轴不同位置温度矢量图中的结果一致。

中间腔的反应器底部温度略高于顶部温度，反应器中产生温度梯度的主要原因就是光辐射热在壁面积累后传入产氢料液中，因此壁面温度的高低是影响反应器内部温度分布的最主要的因素。顶部与底部均与壁面接触，受壁面温度影响大，因此在相同壁面温度下，二者接近。而反应器顶部存在气体的逸出及反应液的蒸发等反应，热量耗散作用增强，因此，实际情况中，反应器顶部温度略低于底部温度。

折流板式光生化反应器内不同位置温度实测值与模拟值结果的比较如表 6.1 所示。

表 6.1 折流板式光生化反应器内不同位置温度实测值与模拟值结果的比较 （单位：℃）

不同位置	A	B	C	D	E	F	G
实测值	30±0.2	39.9±0.3	32.5±0.5	38±0.4	38.5±0.3	37.5±0.2	36.8±0.4
模拟值	31.3±0.2	39.33±0.2	31.67±0.2	37.67±0.2	38.17±0.2	35.15±0.2	36.15±0.2

得出实测值的温度略高于模拟值，这可能是由于在数值模拟过程中，问题假设及边界条件的设定，使结果并不能完全真实地表达实际情况；同时，在实验操作过程中的误差也不可避免。

6.5 参数调整对温度场分布的调控

由以上研究可知，Fluent 软件能有效应用于生物质多相流光合产氢过程中传热问题的分析，通过其与实测值的对比，体现了 Fluent 软件对流体温度检测的准确性，因此可利用 Fluent 软件的仿真功能对生物质多相流光合产氢体系的反应器结构及操作参数进行优化和调控。

6.5.1 不同入口流速对产氢体系温度场的影响

利用 Fluent 软件，读出所保存的网格划分后的折流板式光生化反应器求解区域，材料属性及求解器等选择均不变，通过改变入口流速这一边界条件，观察不同入口流速对反应器内温度场的影响。不同入口流速下的温度变化情况通过表面监测器进行记录报告，不同入口流速下的温度场分布如彩图 8 所示。图左侧的温度标尺表示不同的温度值（单位为 K）。

由彩图 8 可知，随着入口流速的改变，折流板式光生化反应器内部的温度分布情况也发生了改变。当入口流速为 0.003 6m/s 时，反应器内的温度波动最小，即反应器内温度分布最均匀，反应器左腔中心与右腔中心之间的温度差在 3.5℃左右。随着入口流速的降低，反应器内温差逐渐增大，当速度降至 0.000 9m/s 时，反应器左腔和右腔之间的温度差达 5.7℃。这一现象说明，流速越慢，产氢料液在反应器内停留时间越长，壁面与多相流产氢料液之间的换热量越大。热量通过热传递在反应液内积累，且温度较低的料液流入过慢使液相之间的对流换热等现象不明显，该情况下，外界热量的传入、料液本身的生化反应热的累积使多相流产氢料液温度上升。

温度波动太大对光合产氢过程会起到消极影响，且光合细菌混合菌群的活性一般在 30～40℃时最高，因此维持反应器内部温度的稳定及限制温度的大幅提高是增强产氢能力的关键。由彩图 8 可知，当温度由 0.003 6m/s 降低到 0.000 9m/s 时，出口处的温度逐渐升高，分别为 35.9℃、37.1℃、38.7℃和 40.2℃。除了 40.2℃以外，其他 3 组温度都在适宜温度范围内。相对而言，通过对不同入口流速的考察，0.003 6m/s 是最佳流速，在该流速下，温度波动最小，整个反应器内部的温度分布最为均匀，最高温度仍在光合细菌生长代谢最适温度区间内。

通过对折流板式光生化反应器不同腔室内的温度分布情况进行分析可知，各腔室的中心和边缘温度相差均不大，说明 LED 灯板供光系统能够实现光照的均匀分布。反应过程中，LED 灯板不仅可以提供光生化反应所需的光照，还可以维持反应器内的温度。因此，该新型折流板式光生化反应器适用于光合产氢过程，折流板结构的加入在不需要外部供能的情况下实现了反应液的搅拌，内部供光模式大幅度提高了光源的利用率，这些设计为降低生物产氢过程中的成本提供了技术支持。

将不同入口流速下出口温度的实测值和模拟值进行对比，得出不同入口流速下 Fluent 软件对生物质多相流光合产氢体系温度场的数值解与实测值之间吻合度很高，实测值温度略高于模拟值。这表明，所建立的模型与实际系统一致，能够准确地预测折流板式光生化反应器内的温度分布。

6.5.2 不同反应条件下的产氢验证实验

对不同入口流速下的生物质多相流产氢系统的产氢情况进行观测，研究温度场分布与光合产氢过程之间的关系。光合产氢过程中，累积产氢量及底物转化情况如图 6.9 所示。

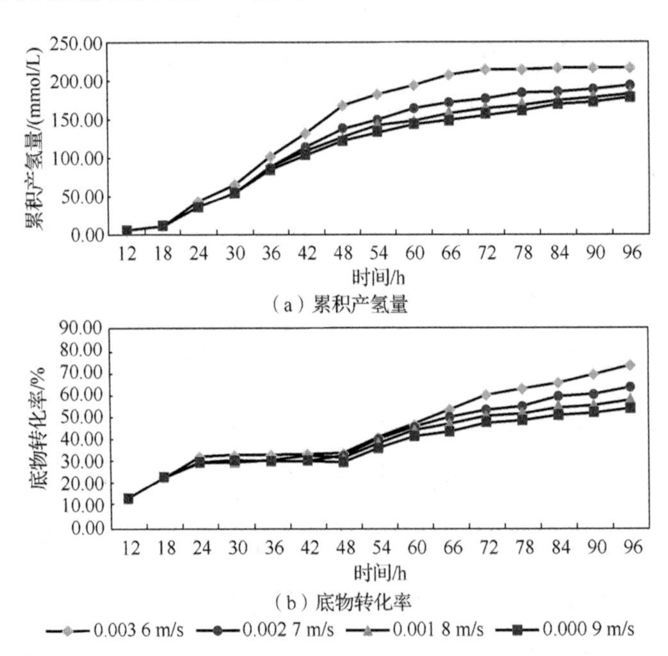

图 6.9 不同入口流速下折流板式光生化反应器的生物质光合产氢情况

由图 6.9 可知，入口流速不同，折流板式光生化反应器的产氢能力不同，随着入口流速的增加，累积产氢量增大。当入口流速为 0.003 6m/s 时，累积产氢量和底物转化率均最大，这说明该入口流速下的流体力学和热力学特征都有利于光合产氢反应的进行。入口流速越快，折流板式光生化反应器内部壁面与产氢料液及产氢料液之间的热交换越快，温度分布越均匀。反应器内部的温度波动越小，有利于光合细菌的生产代谢。

利用 Fluent 软件对折流板式光生化反应器内的温度场进行模拟，将模型模拟值与实测值进行对比，验证了模型的合理性和可靠性。通过改变边界条件、变换反应器结构形态等手段，考察了 Fluent 用于传热问题求解及调控的技术可行性与优越性。

（1）通过对折流板式光生化反应器内部的温度场进行数值模拟，说明 Fluent 能有效用于生物质多相流光合产氢体系的传热问题分析。

（2）将实测值与模型值进行对比，得出利用该模型能很好地描述折流板式光生化反应器内部的温度分布，不同位置温度的模拟值与实测值结果非常接近，说明该模型有较高准确性和可靠性。

（3）通过改变折流板式光生化反应器的入口流速，得出当入口流速从 0.003 6m/s 降至 0.000 9m/s 时，热量在反应器内部大量累积，使反应器内温度波动增加，最大温度值和最小温度值的温差增大，达 5.7℃。且随着入口流速的降低，光合产氢料液在流动过程中，热量累积过多，甚至超出了光合细菌生长代谢的最适水平。

（4）对不同入口流速下折流板式光生化反应器的产氢情况进行分析得出，累积产氢量和底物转化率都随着入口流速的降低而降低。进一步说明，均匀的温度分布有利于光合产氢过程的进行，因此，利用 Fluent 软件进行光合产氢过程中传热问题的优化，是保证高效产氢的关键。同时，利用 Fluent 软件进行数值模拟，能很好地反映光生化反应器内的温度场分布情况，并能通过参数的改变实现传热过程的调控，有效地减少了实验次数，降低了实验成本。

参考文献

郭雪岩，2008．CFD 方法在固定床反应器传热研究中的应用[J]．化工学报，8：19114-19122．

韩占忠，2009．Fluent：流体工程仿真计算实例与分析[M]．北京：北京理工大学出版社．

李灿，高彦栋，黄素逸，2002．热传导问题的 MATLAB 数值计算[J]．华中科技大学学报（自然科学版），3（9）：91-93．

王娟，汤晓华，李健，等，2009．利用 Fluent 软件实现流体温度检测[J]．北京工商大学学报（自然科学版），27（6）：25-32．

于勇，2008．FLUENT 入门与进阶教程[M]．北京：北京理工大学出版社．

赵玉新，2003．Fluent 中文全教程[EB/OL]．https://ishare.iask.sina.com.cn/f/14736398.html?retcode=0．

DHANASEKHARAN K, 2006. Design and scale-up of bioreactors using computer simulations[J]. BioProcess Technical, 4(3): 34, 36, 38, 40, 42.

DHOTRE M T, JOSHI J B, 2004. Two-dimensional CFD model for the prediction of flow pattern, pressure drop and heat transfer coefficient in bubble column reactors[J]. Chemical Engineering Research and Design, 82(6): 689-707.

DHOTRE M T, VITANKAR V S, JOSHI J B, 2005. CFD simulation of steady state heat transfer in bubble columns[J]. Chemical Engineering Journal, 108(1): 117-125.

FROMENT G F, BISCHOFF K B, De WILDE J, 1990. Chemical Reactor Analysis and Design[M]. New York: Wiley.

MORTUZA S M, KOMMAREDDY A, GENT S P, et al, 2011. Computational and experimental investigation of bubble circulation patterns within a column photobioreactor[C]. ASME 2011 5th International Conference on Energy Sustainability. American Society of Mechanical Engineers, 1131-1140.

MUKHANOV V S, KEMP R B, 2006. Simultaneous photocalorimetric and oxygen polarographic measurements on *Dunaliella maritima* cells reveal a thermal discrepancy that could be due to nonphotochemical quenching[J]. Thermochimica Acta, 446(1): 11-19.

SATO T, YAMADA D, HIRABAYASHI S, 2010. Development of virtual photobioreactor for microalgae culture considering turbulent flow and flashing light effect[J]. Energy Conversion and

Management, 51(6): 1196-1201.

ZHANG Z, LI Y Z, 2003. CFD simulation on inlet configuration of plate-fin heat exchangers[J]. Cryogenics, 43(12): 673-678.

ZHANG Z, WU Q, ZHANG C, et al, 2014. Effect of inlet velocity on heat transfer process in a novel photo-fermentation biohydrogen production bioreactor using computational fluid dynamics simulation[J]. BioResources, 10(1): 469-481.

彩　　图

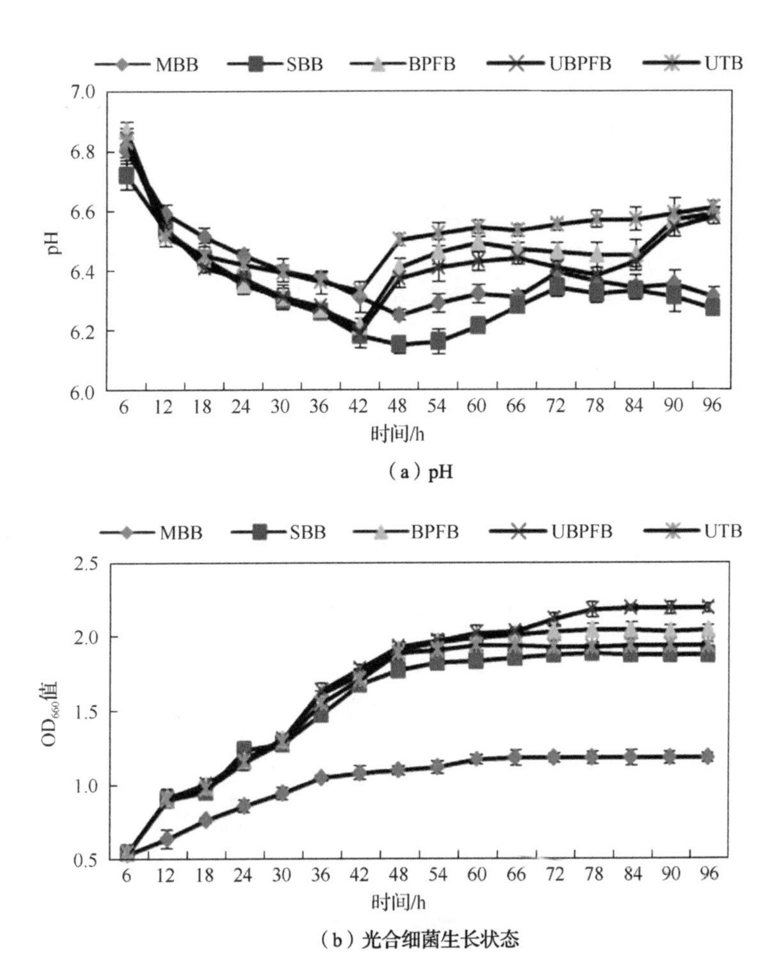

MBB—添加磁力搅拌装置的序批式光生反应器产氢系统；SBB—静置状态下的序批式光生化反应器产氢系统；BPFB—折流板式连续流光生化反应器产氢系统；UBPFB—升流式折流板式光生化反应器产氢系统；UTB—升流式管状光生化反应器产氢系统。

彩图 1　不同搅拌方式对光合产氢过程的影响

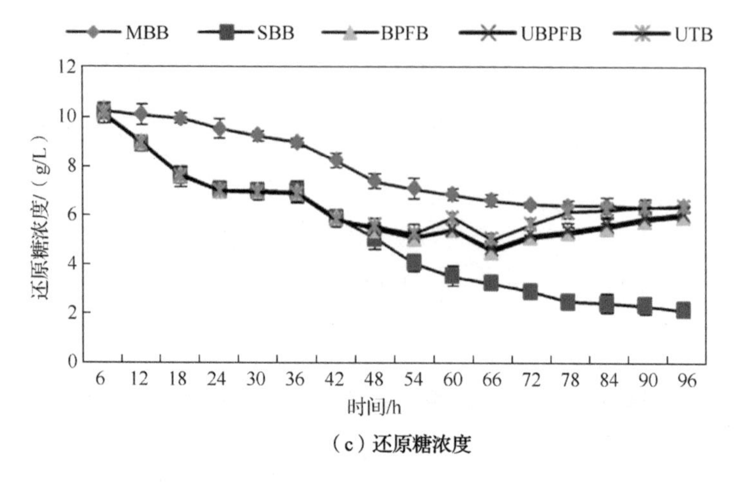

（c）还原糖浓度

彩图 1（续）

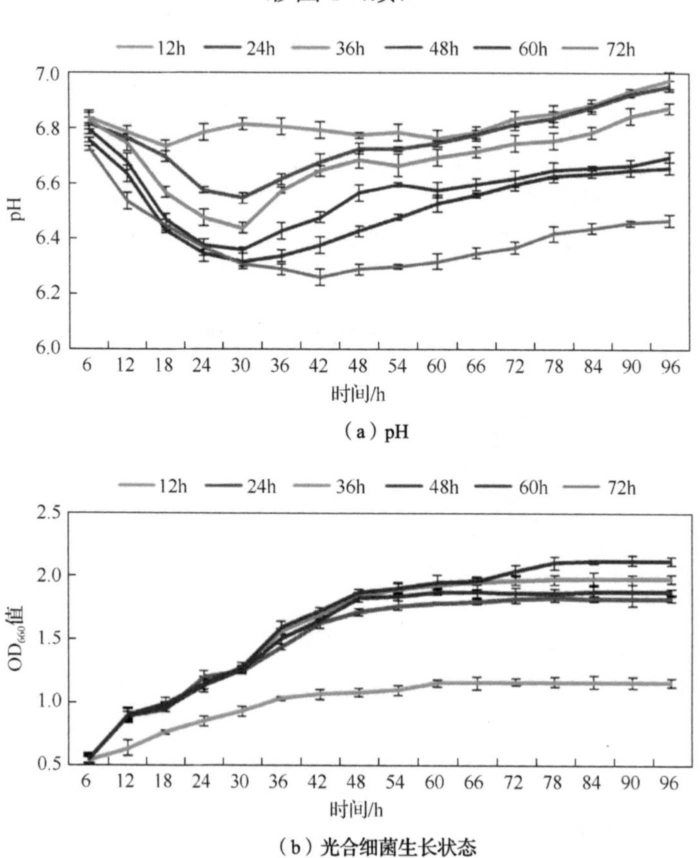

彩图 2　不同水力停留时间对折流板式连续流光生化反应器产氢情况的影响

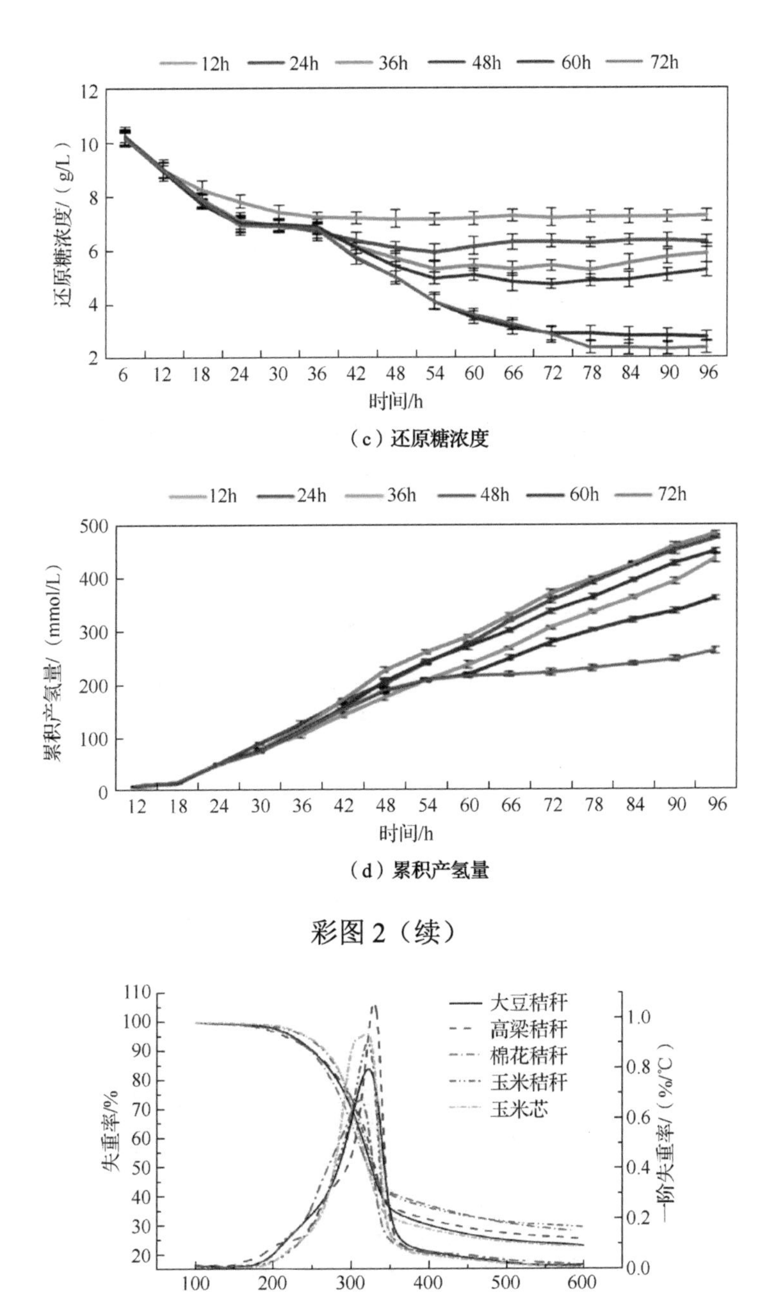

（c）还原糖浓度

（d）累积产氢量

彩图 2（续）

彩图 3　升温速率 10℃/min 时不同秸秆类生物质粉体热失重曲线

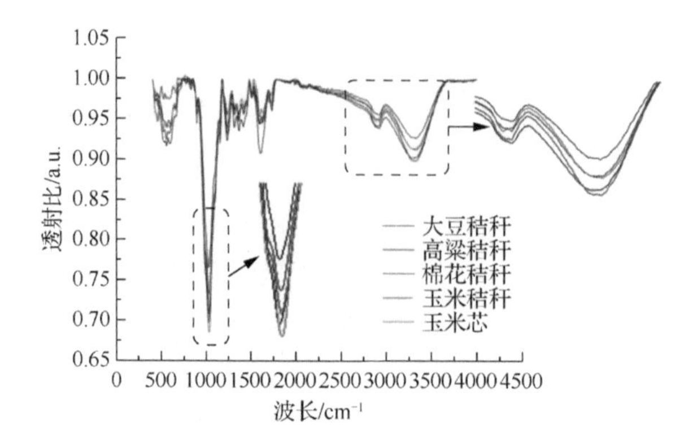

彩图 4　不同秸秆类生物质粉体的傅里叶红外光谱谱图

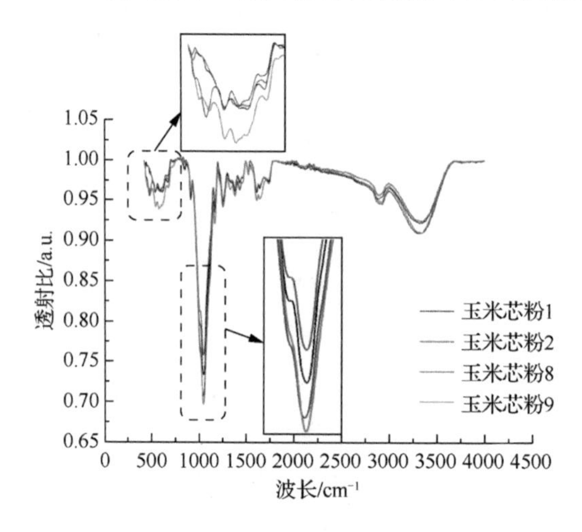

彩图 5　不同球磨工艺制备的玉米芯粉的傅里叶红外光谱谱图

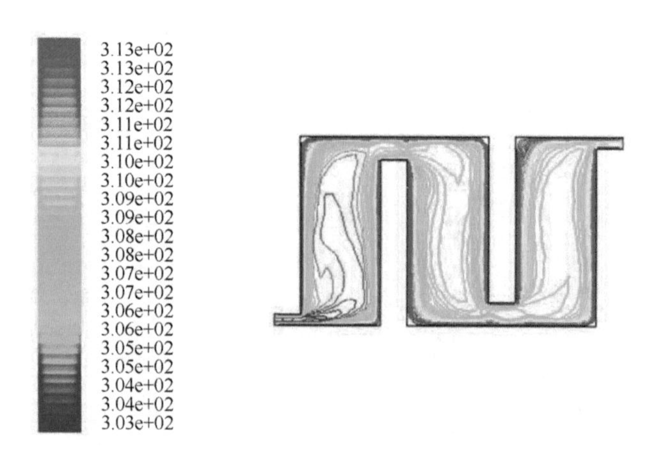

彩图 6　折流板式连续流光生化反应器内部的温度场等温线

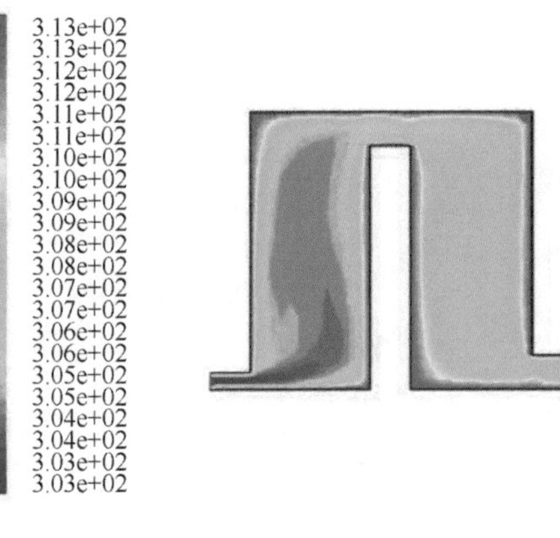

彩图 7　折流板式连续流光生化反应器内部温度分布云图

（a）0.003 6m/s

（b）0.002 7m/s

彩图 8　不同入口流速下的温度场分布

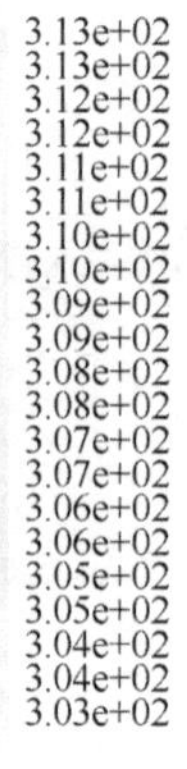

（c）0.001 8m/s

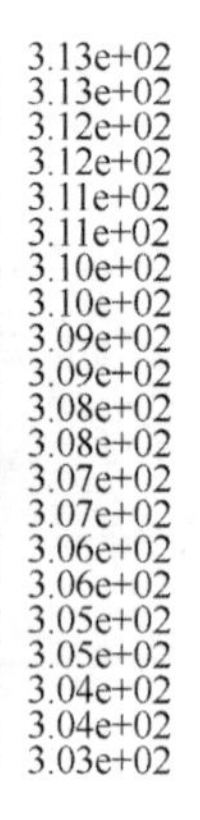

（d）0.000 9m/s

彩图 8（续）